中学数学で解く大学入試問題

数学的思考力が驚くほど身につく画期的学習法

杉山博宣　著

カバー装幀／五十嵐徹（芦澤泰偉事務所）
本文デザイン・図版制作／鈴木颯八＋島村圭之＋斎藤聡子

はじめに

本書の題名をご覧になったみなさんは、次のような疑問をお持ちになったと思います。

●本当に中学数学で大学入試問題が解けるのか？
●具体的にどう解くのか？

これらの問いに対しては、本書を通じてお答えしていきますが、初めにお伝えしておきたいことがあります。それは、高校生に数学を教える教師の立場として、数多くの大学入試問題を解き、分析してきた結果から、確信を持って伝えられる次の２点です。

①良問には、知識の質を問うもの、思考力を問うものがある
②中学数学で解くことができる問題には、思考力を問う良問が多い

大学入試問題に限らず、数学の試験問題では、パターン問題を素早く解くことに加えて、「初見の問題を解く」ことが求められます。初めて目にする問題に対して、既知の知識をどう活用し、いかに解答を導き出せるか、その力が問われます。

じつは、「中学数学で解くことができる大学入試問題」には、初見の問題を解くための「数学的思考力」と、それを身につけるための「数学の学習法」のヒントが詰まっています。

本書では、良問ぞろいの「中学数学で解くことができる大学入試問題」の中から、よりすぐりの良問をセレクトしています。大学入試問題ですから、もちろんレベルの高いものも含まれていますが、まずはシンプルに、それらを「考える楽しさ」を味わっていただきたいと思います。

また、良問には必ず、数学の本質がひそんでいます。そのため、良問を解くことを通じて、『数学の神髄に迫る』ことができます。良問を解きながら「数学の神髄」に迫り、『総合力（総合的な数学力）』が基礎から身につくことも、本書が目指すポイントの一つです。

さて、本書をお読みいただくにあたって、まず2つの質問をさせてください。

Q1　大学入試の2次試験（個別試験）は、どのような意図で作問・出題されているのでしょうか？

出題する大学自体や他の大学の、過去の入試問題をアレンジして作問する場合もあると思います。また、大学の先生が、各自の興味や研究分野を題材にして、新しく作問することもあるでしょう。

いずれにせよ、問題の目新しさや難易度だけを考えて作問・出題するのではなく、過去問としてその問題を解くことになる将来の受験生や、その指導をする高校教師や予備校講師へのメッセージを込めて出題していると思います。

たとえば、次のような問題が出されたことがあります。

1999 東京大学文理共通前期

(1)一般角 θ に対して $\sin\theta$、$\cos\theta$ の定義を述べよ。

(2) (1)で述べた定義にもとづき、一般角 α、β に対して

$$\sin(\alpha+\beta)=\sin\alpha\cos\beta+\cos\alpha\sin\beta、$$

$$\cos(\alpha+\beta)=\cos\alpha\cos\beta-\sin\alpha\sin\beta$$

を証明せよ。

一般的には丸暗記ですませるような定理（高校数学で学習する「三角関数の加法定理」）の証明問題です。多くの解法を暗記してあてはめるのではなく、基礎から積み上げる（公式を証明から理解する）学習が大切だ、というメッセージが込められた出題だったと思います。

さらに、教育界を越えて社会全体へのメッセージが込められていることもあります。有名なものとして、次の問題があります。

2003 東京大学理科前期

円周率が3.05より大きいことを証明せよ。

この問題が出題された当時、「小学生には、円周率は3.14ではなく3と教える」ことが、さかんに議論されていました。この問題は、東京大学からの「3と教えるのは良くない」というメッセージだったと思います（詳細は、112〜120ページをお読みください）。

このようなメッセージ性も考慮しつつ、大学の先生は、数学の大学入試問題を通して、将来（研究者として、あるいは数学を活用して）活躍する資質がある受験生を見極めたいと考えています。

そこで本書は、扱う問題のほとんどは大学入試問題ですが、みなさんの「数学力の向上」にとどまらず、「数学を離れた場における、数学を活用しての活躍」にもつなげたい、という思いから書かれました。

みなさんのなかには「受験勉強の一環として、仕方なく本書を手に取った」という方もおられると思います。そうした方も含めて、一度立ち止まって、次の質問について考えてみてください。

Q2 みなさんは、どんなときに数学が面白いと感じますか？

さまざまな理由があると思いますが、「問題が解けたときの喜び」、これが最も大きな理由の一つではないでしょうか。

本書は、「中学数学で解答可能な、東京大学や京都大学といった有名大学の入試問題」の解説で構成されています。

本書を通して、問題を解けた方には「解けた喜び」を、解けなかった方には、思考過程を重視した素朴な解答を用意していますので、有名大学の問題が「わかる喜び」を、そして、「考える楽しさ」を感じていただけたら幸いです。

有名大学の入試問題だからといって、身構える必要はありません！　有名大学であればあるほど、難問ばかりを何問も出題したりはしないからです。もちろん難問が出題されることもありますが、それらの多くはよく練られた良問で、いわゆる“奇問”は皆無といってよいと思います。

そして、前述のとおり、良い問題には必ず、数学の本質がひそんでいます。

たとえば次のような、基礎知識に対する深い理解が解決につながる問題が出題されることがあります（問題3－10として、本文中でも取り上げます）。

2024 東京大学理科前期

2以上の整数で、1とそれ自身以外に正の約数を持たない数を素数という。以下の問いに答えよ。

(1) $f(x) = x^3 + 10x^2 + 20x$ とする。$f(n)$ が素数となるような整数 n をすべて求めよ。

本書では、大きく次の2つのタイプの問題に挑戦していきます。

①中学数学で解く大学入試問題

標準的な解答では高校数学を利用しますが、

「中学数学＋α」での解答が可能な問題

②中学数学の大学入試問題

「中学数学＋α」での解答が標準的な問題

第１部で扱う①中学数学で解く大学入試問題は、解けたとき、わかったときの喜びが大きいので、数学を（より）好きになる、さらなる問題に取り組みたくなる動機を与えてくれます。

第２部で扱う②中学数学の大学入試問題は、取り組む際のハードルが高くないので、格好の数学入門になります。

本書が、読者のみなさんの興味・関心に応え、読後にいっそう数学を学ぶ意欲の向上につながることを期待しています。そして、それがみなさんの日常生活の「しんか」（進化、深化、新化、真化など、さまざまな意味を込めて、あえて平仮名で記します）や、さらには「神化（数学の神髄に迫る)」につながれば幸いです。

さあ、「中学数学で解く大学入試問題」の世界へ出発しましょう。

中学数学で解く

大学入試問題

もくじ

第1部

中学数学で解く

大学入試問題

第1章 〈数学の神髄〉に迫る学習法

1-1 学びの「しんか論」

「最高の教育」と聞いて、みなさんならどんなものを想像しますか？

もし1つだけ挙げるとすれば、それはAI（人工知能）やICT（情報通信技術）を取り入れた教育ではなく、「リアル（対面）での、マンツーマンの双方向の教育」だと思います。もちろん、他者とともに学ぶアクティブ・ラーニングは、多角的思考、コミュニケーション能力、コラボレーション能力等を鍛えるためには大切です。

しかし、（かなり古いですが）「ブルームの2シグマ問題」が示すように、何かを習得するためには、マンツーマンでの教育の効果は絶大です。そこで本書では、筆者である私が読者のみなさんの「家庭教師」になったつもりで、

- 問題文を読んで何を考えたか
- どのように思考、試行錯誤して解答にたどり着いたか

を可能なかぎり言語化しました。理解の程度、問題の難所はお一人お一人で異なると思いますが、少しでも多くの方にとって最適な内容に仕上がっていることを願っています。

本書は、実際に受験生の方が大学入試で得点力を向上されることも目的の一つとしてはいますが、それに限らず、多くのみなさんの数学力の向上を通して、「問題を考える楽しさ」と「問題が解けた喜び／わかる喜び」を体感していただ

くことを主目的に書かれています。

そのため、実際の試験で答案用紙に書けば満点になる解答ばかりではなく、思考過程を重視した解答を示しています(受験生の方がお読みになる場合には、この点にご留意ください)。また、本書の解答、解法は出題した大学が公表したものではありません。

本書を読み進める（紹介する問題を解き進める）ことが、「どのような方」が「どちらに向かう」ためのマンツーマンの指導になるのかを整理しておきます。すなわち、本書の目的地を年齢層によって分類すると、次のようになります。

大学生以上の方

数学力や数学的思考の言語化により、さらに数学を学ぶ意欲が湧く

数学（科学）のみならず、「実社会でも役立つ思考力」を鍛える

高校生の方

大学受験に向けて、「初見の問題」を解く力が身につく

数学に限らず、英語や国語、理科など全教科を貫く「思考の基礎」を学ぶ

中学生の方

高校入試の受験勉強と同時に、大学入試に触れることができる

高校でのさらなる学びにおける、学び方を学ぶことができる

これらのような、問題とその解答が並んだだけの書籍ではたどり着けない目的地に向かって、本書を執筆しました。数学の代表的な4分野である、

代数学	解析学
幾何学	確率・統計

の問題を、縦横無尽に解くことにより、みなさんの脳が「無意識」に〈数学の神髄〉に迫ることを期待しています。

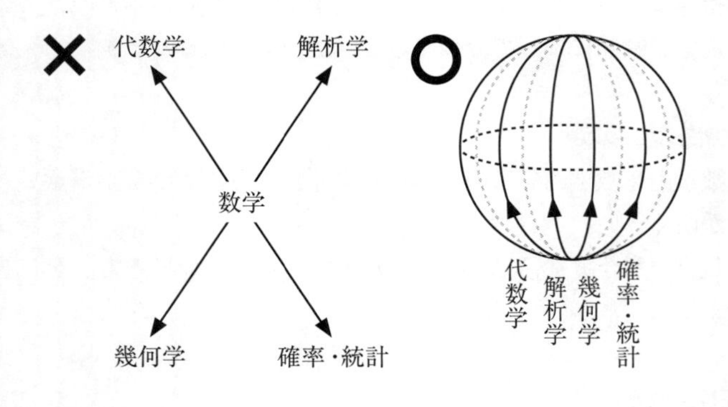

本書は2部構成となっています。

「中学数学で解く大学入試問題」と題した第1部は、実際に問題を解くというより、読み物としての色が濃くなっています。この第1章では、数学の問題を通して、問題を解くときにどのような力が必要になるかを明らかにし、〈数学の神髄〉に迫ります。続く第2章では、大学入試問題の「高校数学を利用した解答」と「中学数学で解く解答」を比較し、考察します。

第２部は「中学数学の大学入試問題」です。第３章では、東京大学と京都大学の入試の出題意図から、そのメッセージを読み解きます。そしてそのメッセージを、第４章までの２つの章にかけて、大学入試問題を通して具体的に説明します。

それにより、「初見の問題を解くための思考法」や「数学の学び方」についての理解を深め、解けなかったときの自己分析（もちろん、解けたときも同様です）が明確になり、第５章や本書以降の数学の学びにおける学習効果、演習効率が上がるように考えられています（中学数学を超えた内容も扱っていますので、大学入試に向けた学習をしたことのない方は、先に第３章と第４章を読んでから第５章に進んでいただくとよいでしょう）。

最終章である第５章では、東京大学と京都大学を中心とした難関大学の２次試験の問題を題材として、分野別に難易度を上げながら演習します。合計12問の大学入試問題に、みなさんの頭と手をフル活用して挑戦していただければと思います。

本書で取り上げる問題の多くは、中学数学までの知識で解くことができるものですので、じっくり時間をかけて考え抜き、１問でも多く、ご自分で解くことを目標に取り組んでください。

時折はさまれる「閑話重大」は、閑話休題（無駄話を終わりにする）とは対極にある私の造語です。数学を少し離れ、寄り道をすることは、数学力の向上、数学の実社会への応用につながります。知識を深めるためのコラムとして、ぜひお楽しみください。

ところで、何かを学ぶなかで、ある瞬間に霧が晴れたように理解が進んだという経験はありませんか？

そのような体験が生じるのは、閾値（いきち）概念を獲得したからです。閾値概念とは、ある物事に対する理解を進め、ものの見方を変えるような概念を指します。

本書が、読者のみなさんの、数学（ひいては科学や実社会での生活）における閾値概念獲得のきっかけになれば、望外の喜びです。

さらに本書では、ダーウィンの「進化論」ならぬ、学びの「しんか論」を、数学の枠を超えて展開します！　あえて「しんか」と平仮名にしたのは、以下のような多様な「しんか」を意識していただきたいからです。

進化……良くなる
深化……深くなる
新化……新しくなる
真化……真理に近づく

そして、

神化……神髄に迫る

これらの「しんか」を最大化することを目指して、私が、

- なぜ、この問題を選んだのか
- なぜ、この順に配列したのか

等を考えながら、解き（読み）進めてください。

それでは、この第1章を通して、〈数学の神髄〉の全体像を把握することから始めましょう。

1-2 「点」ではなく、「線」や「面」になった知識

問題 1-1 聖書に次いで読まれてきたともいわれる「数学書」とはなんでしょうか？

解答 1-1 一説には、ユークリッド（紀元前300年頃に活躍したとされる古代ギリシャの数学者）の『原論』が聖書に次いで読まれてきたといわれています。

人類史上2番目に読まれてきた本が、数学の本（かもしれない）とは驚きませんか？

『原論』は、書かれたのが紀元前3世紀頃と考えられていますので、歴史の長い本だから、ということも理由の一つではあるでしょう。しかし、『原論』は現在まで影響を及ぼす数学的内容を含んでおり、「数学とはどうあるべきか」を決定づけた一冊です。

平面図形に関する内容が有名な『原論』ではありますが、その影響は平面図形に限りません。紀元前から、あらゆるレベルで数学を学ぶ人の教科書であり、バイブルであり続けていることが、人類史上2番目に読まれてきた理由だと考えられます。

『原論』の内容は、それ以前から体系化されていた情報を、ユークリッドが「公理と定義をスタート地点」として、再編纂（さいへんさん）したものだと考えられています。

『原論』に書かれている公理の1つに、「2点が与えられたとき、その2点を通るような直線を引くことができる」があ

ります。そして、この公理という大前提のうえで、定義を定めます（本書では、この例のように「公理は、当たり前のことを明示するもの」であるため、特に取り上げることはしません）。

続いて、定義の例を１つ挙げれば、「円は、１つの線に囲まれた平面図形で、その図形の内部にある１点から、それへ引かれたすべての線分が互いに等しいもの」という具合です。

このように、『原論』以降の数学は、スタート地点を（公理と）定義という形ではっきりとさせ、そこから次々に定理を証明することが〈神髄〉になりました。序盤にもかかわらず、早速〈神髄〉に到達してしまいましたので、神髄の「解像度を上げる」ことが本書の目的になります。

現時点では、数学を学ぶときには「より基礎的な事柄から積み上げる」ことが大切だと理解してください（ただし、中学数学を超えているとはいえ、高校数学レベルでは一から十まで定義からスタート、とはいきません。たとえば、高校の微分積分は、厳密な証明抜きで「無限」を扱っています）。

それでは、「より基礎的な事柄から積み上げる」手始めとして、次の問題を考えてみましょう。

問題 1-2　$1+(-1)=0$ をスタート地点として、

$$(-1)\cdot(-1)=1$$

であることを説明せよ。

ヒント　「・」（積の記号）

「・」は積の記号です。すなわち、この $(-1)\cdot(-1)$ は

$(-1)\times(-1)$ と同じです。

解答 1-2　$1+(-1)=0$ の両辺に -1 をかけると、

$$\underline{1\cdot(-1)}+(-1)\cdot(-1)=\underline{\underline{0\cdot(-1)}} \quad \cdots\cdots①$$

下線部において、$1\cdot○=○$ なので、

$$\underline{1\cdot(-1)=-1}$$

です。二重下線部において、$0\cdot\triangle=0$ なので、

$$\underline{\underline{0\cdot(-1)=0}}$$

です。よって、①は、

$$\underline{(-1)}+(-1)\cdot(-1)=\underline{\underline{0}}$$

この両辺に 1 を加えると、

$$1+(-1)+(-1)\cdot(-1)=1+0 \quad \cdots\cdots②$$

波線部において、$\square+(-\square)=0$ なので、

$$1+(-1)=0$$

です。二重波線部において、$\diamond+0=\diamond$ なので、

$$1+0=1$$

です。よって、②は、

$$0+(-1)\cdot(-1)=1$$

この左辺において、$0+\diamond=\diamond$ だったので、この式から、

$$(-1)\cdot(-1)=1$$

スタート地点とした「$1+(-1)=0$」は、符号だけが異なる2数の和は0（の特別な場合）であることを示しています。それに、

$1\cdot\bigcirc=\bigcirc$	1にある数をかけても変化しない
$0\cdot\triangle=0$	0にある数をかけると0
$\square+(-\square)=0$	符号だけが異なる2数の和は0 （$1+(-1)=0$もこの一例です）
$\diamond+0=\diamond$	ある数◇に0を加えても変化しない

といった、負の数どうしのかけ算よりもさらに「基礎的な事柄から積み上げる」ことにより、$(-1)\cdot(-1)=1$を導くことができました。

$$(-1)\cdot(-1)=1$$

⬆

$1\cdot\bigcirc=\bigcirc$　　$0\cdot\triangle=0$　　$\square+(-\square)=0$　　$\diamond+0=\diamond$

このように、数学においては「基礎から積み上げる」ことが大切です。さらに、問題1-2の場合に限らず、何かを学ぶときには、結果をただ記憶するだけではいけません。

知識が「点」でとどまることなく、「線」、さらには「面」へと広がっていくことを意識してください。

続いては、知識が「線」となった状態とはどのようなものかを確認するための問いです。

「正三角形は、二等辺三角形ですか？」
　正三角形と二等辺三角形それぞれの定義は、以下のとおりです。

　　　　正三角形……３つの辺が等しい三角形
　　　　二等辺三角形……２つの辺が等しい三角形

　３辺が等しければ、そのうちのいずれの２辺も等しいので、正三角形は二等辺三角形の特別なものと考えることができます。したがって、正三角形は二等辺三角形です。
　それでは、二等辺三角形や直角三角形、直角二等辺三角形といった、さまざまな三角形の関係を整理してみましょう。次のベン図をご覧ください。

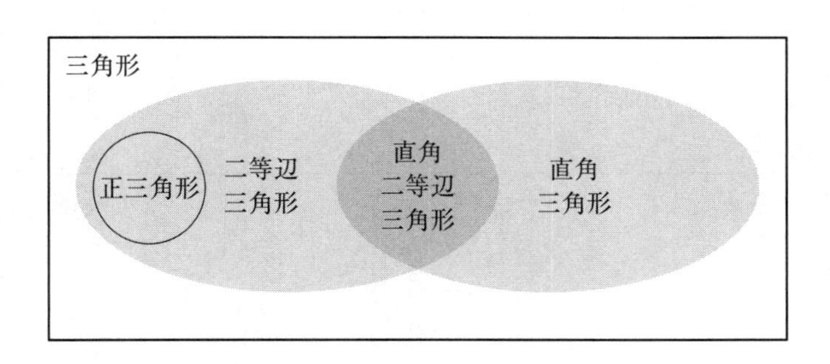

　この例に見られるように、知識とは単なるバラバラの記憶ではありません。
「知識＝識別を知ること」ですから、ある三角形が、他の三角形とどのような関係にあるかを理解している状態が、知識が「線」になった状態です。
　ここではさらに、知識を「面」にすることを理解するために、四角形に進みます。

問題 1-3 四角形のうち、正方形、長方形、ひし形、平行四辺形、台形の関係をベン図で整理せよ。

解答 1-3 それぞれの四角形の定義は、以下のとおりです。

正方形……4つの辺がすべて等しく、4つの角がすべて等しい四角形

長方形……4つの角がすべて等しい四角形

ひし形……4つの辺がすべて等しい四角形

平行四辺形……2組の対辺が平行である四角形

台形……1組の対辺が平行である四角形

これらの関係は、次図のように整理することができます。

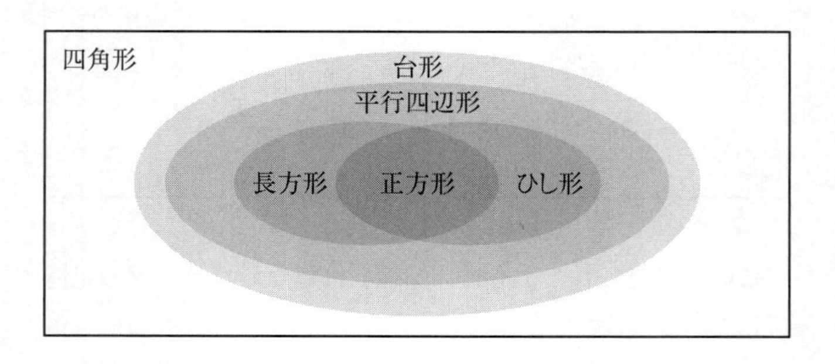

四角形を個々で理解するのではなく、それぞれの違いを識別し、相互の関係を理解することで、四角形に関する知識が「線」になります。さらに、その「線」になった四角形の知

識が、同じく「線」になっている三角形の知識とつながることによって、「面」としての知識が得られます。

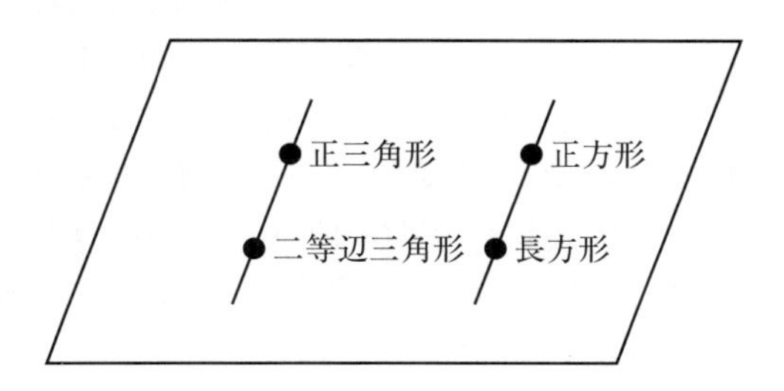

繰り返しますが、「知識＝識別を知ること」です。すでに知っていることに対して、識別を知り、関係を理解することを通して知識を『体系化』することを意識しながら、新しい知識を得ることが大切です。そのようにして新しい知識を得ることで、知識の量が増えるだけでなく、質が「しんか（進化、深化、新化、真化）」していくイメージです。

また、生きた英語を身につけるための学習法として、以下の３要素を重視することが提唱されています。

インプット……リーディング
インテイク……音読
アウトプット……ライティング

数学でも同じイメージで、インプットとアウトプットの間に、「インテイク」を意識することが肝腎（かんじん）です。類題を演習したり、解けなかった問題の解答を再現するといったことが、数学を学ぶうえでのインテイクです。

知識は「量より質」が重要なので、「知識を自分のものにする」ためのステップを踏むように心がけましょう。

1-3 テクニックも「量より質」

本節では、数学を学ぶ過程、数学の問題を解く過程で獲得する「基本的な数学の技法」を扱います。大学入試にあてはめれば、問題を解くためのテクニックに相当するものです。

「基本的な数学の技法」を知らなくてはさすがに解けない問題や、知っていれば簡単に解ける問題は多々ありますので、「テクニックがあり、解法の引き出しが多い」ことは大きなアドバンテージになります。

有名な問題を2問解くことで、数学におけるテクニックについて理解を深めましょう。

問題 1-4　**1956 京都大学**

A、Bは定直線gの同じ側にある2定点とする。
A、Bからg上の点Pにいたる距離の和
AP + PBが最小となるような点Pを求めよ。

解答 1-4　図にすると、次図のようになります。

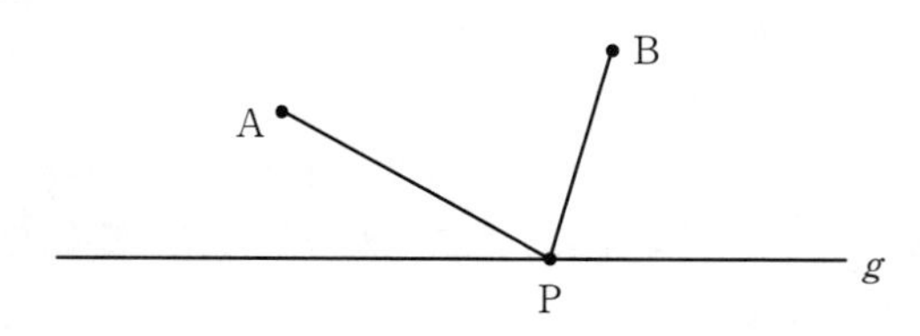

gに関して、Bを対称移動させた点をB′とします。

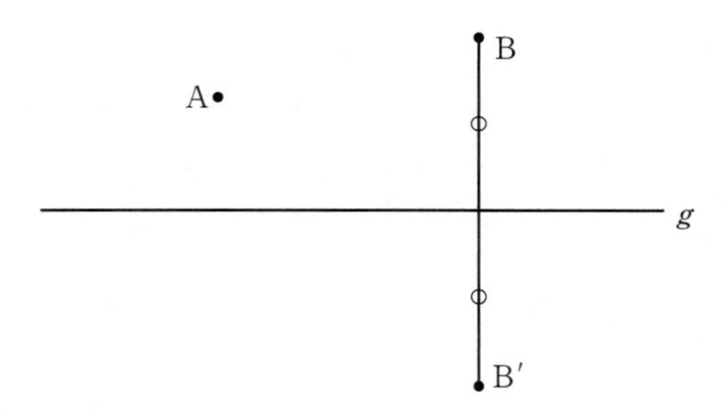

線分のほうが折れ線よりも短くなります。

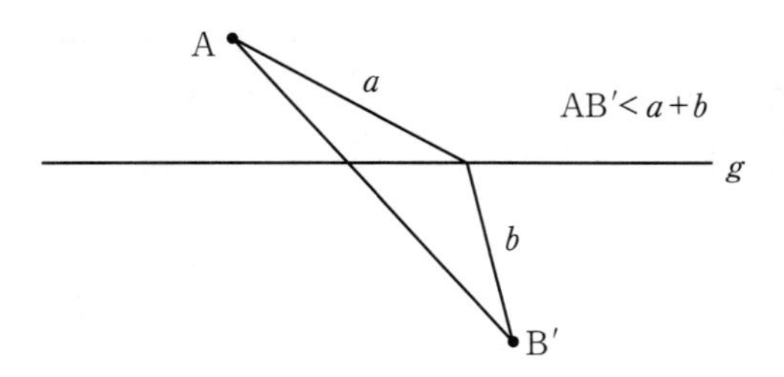

よって、線分 AB′を引くと、それと g の交点が求める P になります。

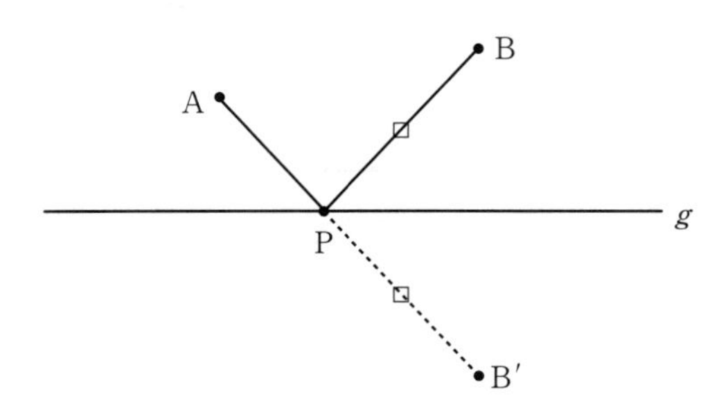

続いて、もう1問考えてみましょう。

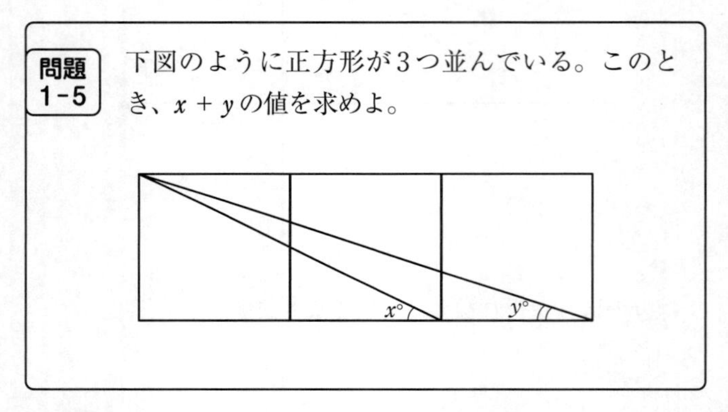

問題 1-5　下図のように正方形が3つ並んでいる。このとき、$x+y$の値を求めよ。

解答 1-5　次図のように、3つの正方形の下側の直線をlとします。

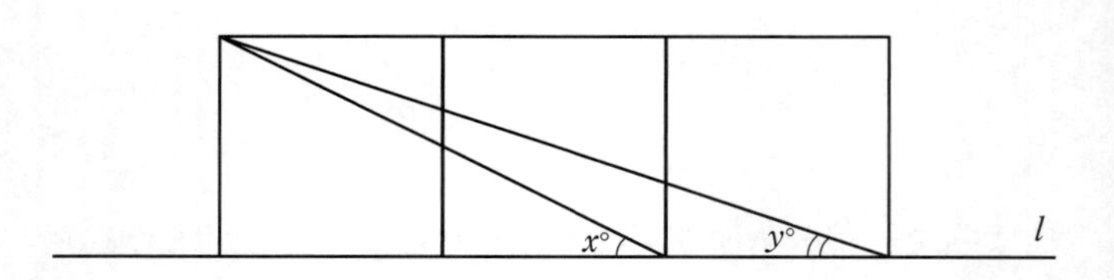

この図の一部を、次図のように直線lに関して対称移動します。

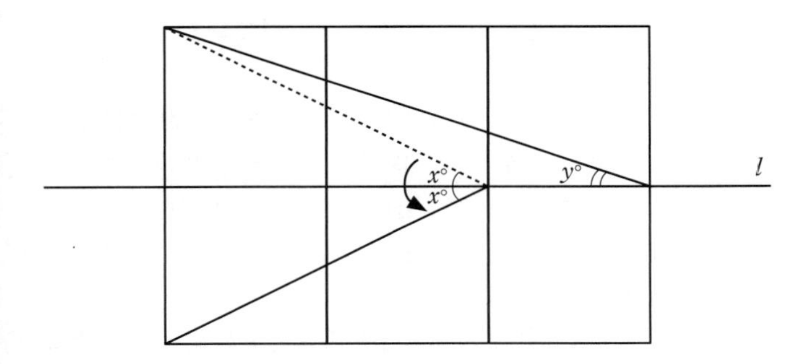

先ほど対称移動した線分を右に平行移動し、さらに補助線AB を追加します。そこで現れる三角形を、次図のように△ABC とします。

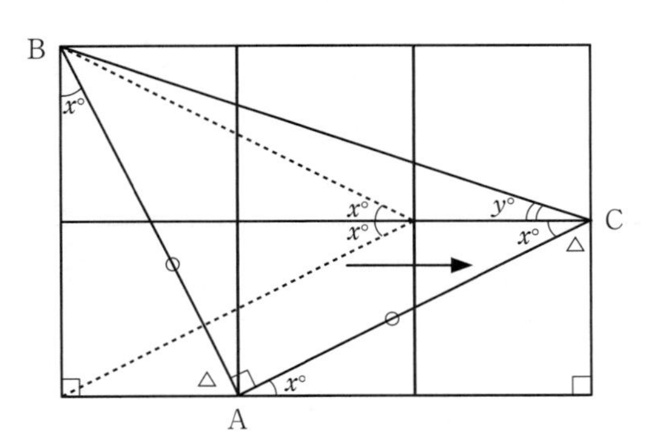

△ABC は直角二等辺三角形なので、$x + y = 45$ です。

問題1－5を初見で解くのは難しかったかもしれません。しかし、解いた（解答を読んだ）後には、問題1－4と似ていることにお気づきかと思います。問題1－4の「対称移動」するという「技法」を問題1－5でも使うことができる、すなわち、問題1－4と問題1－5は似ていると考えることが重要です。

このように、「似ていることをもとにして、それとは違うことを考えること」を「アナロジー（類推）」といいます。数学力をつけるには、やみくもにたくさんの問題を解くのではなく、このアナロジーの力を同時につけるように意識することが、最短ルートになります。

そのためには、「知識の質」と「思考力」の両者が必要になります。技法をどのように習得すべきかを考えながら、次の問題を考えてみてください。

問題 1-6

次の連立方程式を解け。

$$\begin{cases} x + y = 3 \\ y + z = 5 \\ z + x = 4 \end{cases}$$

解答 1-6-1

この問題には、次のような有名な解き方があります。まず、式に番号を振っておきます。

$$\begin{cases} x + y = 3 & \cdots\cdots① \\ y + z = 5 & \cdots\cdots② \\ z + x = 4 & \cdots\cdots③ \end{cases}$$

①＋②＋③より、

$$2x + 2y + 2z = 12$$

両辺を2で割ると、

$$x + y + z = 6 \quad \cdots\cdots ④$$

④－②より、

$$\begin{array}{rr} & x + y + z = 6 \\ -) & y + z = 5 \\ \hline & x \qquad\quad = 1 \end{array} \quad \cdots\cdots ⑤$$

⑤を①に代入すると、$1 + y = 3$
よって、$y = 2$
⑤を③に代入すると、$z + 1 = 4$
よって、$z = 3$
したがって、$x = 1$、$y = 2$、$z = 3$

式の特徴（今回はx、y、zのいずれの係数も１）を利用した、このようなあざやかな解法もあります。この解法を自分で発見することは難しいと思いますので、多くの問題とその解答に触れて、知識の量を増やすことも大切です。

続いて、より汎用性の高い解答を示します。

解答 1-6-2 連立２元１次方程式（２文字で、１次の連立方程式）は、中学校で学習します。しかし、この問題のような連立３元１次方程式（３文字で、１次の連立方程式）は学習しません。

そこで「アナロジー」の出番です。中学校で学習する連立方程式の解き方には、「代入法」と「加減法」があります。なぜ、これらの方法によって、連立方程式を解くことができるのでしょうか？

ポイントは、「文字を消去する」点にあります。「アナロジー」によって、問題1－6でも「文字を消去して減らす」ことを方針にします。解答1－6－1の式番号を再利用します。

$$\begin{cases} x + y = 3 & \cdots\cdots① \\ y + z = 5 & \cdots\cdots② \\ z + x = 4 & \cdots\cdots③ \end{cases}$$

③から、　$z = 4 - x$　……④

④を用いて、代入法により z を消去します。④を②に代入すると、

$$y + (4 - x) = 5$$
$$-x + y = 1 \quad \cdots\cdots⑤$$

ここで、①と⑤を組み合わせると、中学校で学習した連立2元1次方程式になります。

$$\begin{cases} x + y = 3 & \cdots\cdots① \\ -x + y = 1 & \cdots\cdots⑤ \end{cases}$$

ここでは加減法で解くことにします。①＋⑤により、

$$2y = 4$$

よって、　$y = 2$　……⑥

⑥を①に代入すると、$x + 2 = 3$

よって、　$x = 1$　……⑦

⑦を④に代入すると、　$z = 4 - 1 = 3$　……⑧

⑥～⑧をまとめると、　$x = 1$、$y = 2$、$z = 3$

中学校で学習した連立２元１次方程式の解き方からのアナロジーによって、連立３元１次方程式を解くことができました。いかがでしょう、新たに連立３元１次方程式の解き方を覚えないといけないでしょうか？

新たな記憶（「点」の知識）を増やさずとも、連立２元１次方程式、連立３元１次方程式はともに、代入法、加減法によって「文字を減らす」ことで解けると理解すれば、技法は「面」となって、量ではなく質が向上します。

数学の技法も、「量より質」です。たくさん知っていることが重要なのではなく、暗記量を減らしながら、たくさん考えることを大切にしましょう。ここでいう「たくさん考える」とはもちろん、単にたくさん問題を解くことではなく、考える量（と質）を増やすということです。

技法を覚えようと数多くの問題に片っぱしから手を出すのではなく、わからなくてもしばらく（少なくとも15分！）考えるようにしましょう。

「手に入れた数学の技法を、自由自在に使いこなすことができる人」になるための最短ルートは、問題を解く（あるいは、解けなくて解答を読む）ときに、「なぜその解法が有効か」を考えることです。

問題が解けた、解けなかっただけでなく、その後の「別解を考える」ことまで含めた、「振り返りの時間を重視する」ことを心がけましょう！

1-4 「具体→一般」、「一般→具体」の思考法

21世紀に入ってから、STEM教育が重視されるようになっています。

STEMとは、「Science：科学」「Technology：技術」「Engineering：工学」「Mathematics：数学」の頭文字から成る造語で、これらの分野に重点を置いた教育を意味しています。

現在では、これに「Art：芸術・教養」を加えた「STEAM教育」が求められています。新しい知を創り出すためには、「STEM」に代表される知識に加えて、「A」がもたらす思考力や創造力が不可欠というわけです。

このような背景もあって、数学の大学入試問題においても、知識の量や質を問う問題に加え、思考力を問う問題が増えてきました。本節では、「思考」に焦点を当てます。

「STEAM」を支える思考は、大きく「帰納」と「演繹（えんえき）」の2つに分けることができます（前節で触れた「アナロジー」も、広い意味での帰納です）。

数学の問題を解くために、私たちはなかば無意識に、これらの思考をしています。しかし、それを言語化することは、思考を深く理解し、鍛えることにつながります。本節では、帰納と演繹、そしてこれらを組み合わせた思考について考えてみましょう。

帰納と演繹は、次図のようなイメージです。

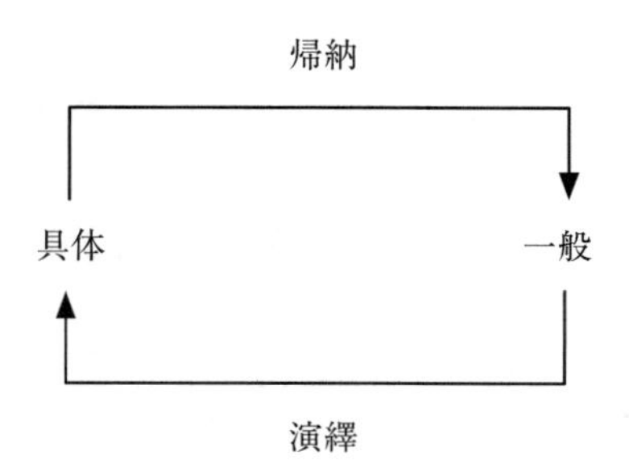

帰納の例を１つ挙げます。

前提１：カラスＡは黒い
前提２：カラスＢは黒い
前提３：カラスＣは黒い　｝具体
　　　　　　　　　　　　　↓
結　論：すべてのカラスは黒い　一般

演繹の代表例は「三段論法」です。

前提１：動物はすべて死ぬ
前提２：人間はすべて動物である｝一般
　　　　　　　　　　　　　　　↓
結　論：人間はすべて死ぬ　　　具体

帰納と演繹にはそれぞれ、短所と長所があります。

・帰納の短所
　前提が正しくても、結論が間違っている可能性がある
・帰納の長所
　具体的な前提から得た結論は、（間違っている可能性はあるが）より一般的である

・演繹の短所

　前提（一般）から得た結論は、より具体的なものになる

・演繹の長所

　前提が正しければ、そこから導かれる結論も必ず正しい

帰納と演繹が、互いの短所を補い合い、長所を発揮できる思考法が「仮説演繹法」です。仮説演繹法は、次の2ステップからなります。

①帰納によって仮説を導き出す
②仮説を前提の1つとして、演繹により予測を結論として導く

このような思考が科学の発展を支えており、数学でもこのような思考が活躍しています。特に、初見の問題では、「帰納（アナロジー等）」によって仮説を立て、それをもとにして「演繹」することが多くなります。ただし、演繹を進めるうちに仮説が反証された（誤りが判明した）場合は、仮説を修正し、あらためて演繹することになります。

続く問題1－7では、「思考」においてなかば無意識に利用している「帰納」と「演繹」を明確に区別して、これまで以上に言語化した解答を目指してみましょう。

問題 1-7　1歩で1段または2段のいずれかで階段を昇るとき、15段の階段を昇る昇り方は何通りあるか。

最初から15段の階段を昇る昇り方を考えるのは無謀です。1段、2段、3段、……と小さい数字から考えてみることで、「帰納」の前提を準備します。

1段の階段を昇る昇り方は、右図の1通りです。

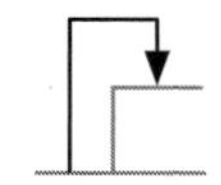

2段の階段を昇る昇り方は、次図の2通りです。

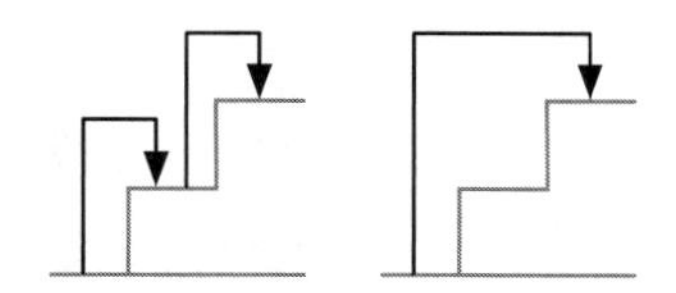

これらをそれぞれ、「1 + 1」「2」と表記することにします。

3段の階段を昇る昇り方は、

1 + 1 + 1、1 + 2、2 + 1

の3通りです。

4段の階段を昇る昇り方は、

1 + 1 + 1 + 1、1 + 1 + 2、1 + 2 + 1、2 + 1 + 1、2 + 2

の5通りです。

5段の階段を昇る昇り方は、

1 + 1 + 1 + 1 + 1、1 + 1 + 1 + 2、1 + 1 + 2 + 1、
1 + 2 + 1 + 1、2 + 1 + 1 + 1、1 + 2 + 2、2 + 1 + 2、
2 + 2 + 1

の8通りです。

1段から5段まで求めました。ここまでの前提から、帰納により、昇り方に関する「仮説」を立てます。そのために、ここまでの結果を整理しておきます。

1段	2段	3段	4段	5段	……
1通り	2通り	3通り	5通り	8通り	……

昇り方に関して、なんらかのルールはあるでしょうか？

昇り方には、

1段	2段	3段	4段	5段	……
1通り	2通り	3通り	5通り	8通り	……

といったように、1 + 2 = 3、2 + 3 = 5、3 + 5 = 8と「前の2つのパターン数の和」になっている、というルールを見出すことができます。このことから、n段の階段を昇る昇り方がa_n通りあるとすると、$a_{n+2} = a_{n+1} + a_n$であるという仮説を立てることができます。

ここで、「演繹」の力によって、この仮説を検証します。「前の2つのパターン数の和」になっていることをヒントにすると、たしかにn段に2段追加した$n + 2$段の階段を昇る昇り方は、次図に示すように

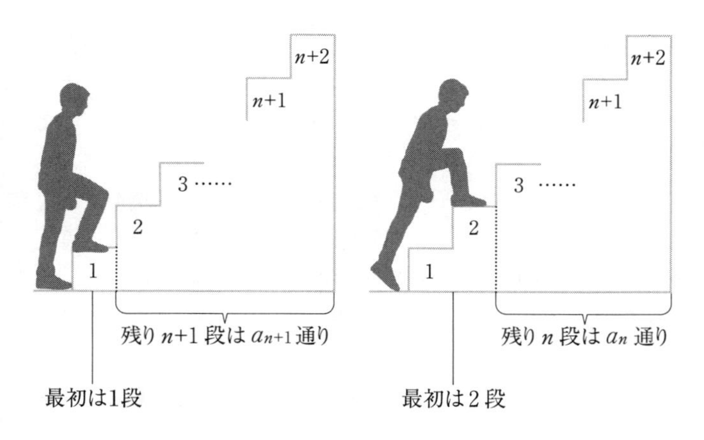

と分けることができ、$a_{n+2} = a_{n+1} + a_n$ となることを確認できます（仮説が確証されました）。

最後に、「一般」を「具体」に落とし込む演繹を用いると、

6段の階段を昇る昇り方は、　5 + 8 = 13（通り）
7段の階段を昇る昇り方は、　8 + 13 = 21（通り）
8段の階段を昇る昇り方は、　13 + 21 = 34（通り）
9段の階段を昇る昇り方は、　21 + 34 = 55（通り）
10段の階段を昇る昇り方は、　34 + 55 = 89（通り）
11段の階段を昇る昇り方は、　55 + 89 = 144（通り）
12段の階段を昇る昇り方は、　89 + 144 = 233（通り）
13段の階段を昇る昇り方は、　144 + 233 = 377（通り）
14段の階段を昇る昇り方は、　233 + 377 = 610（通り）
15段の階段を昇る昇り方は、　377 + 610 = 987（通り）

このように、数学の問題を解く背後で、帰納と演繹が大活躍しています。そして、この思考法は自然科学のみならず、人文科学や社会科学などでも使われる汎用性があり、どのような学びにも役立ちます。

これ以降、本書では帰納と演繹に明確に触れる機会はあまりありませんが、「偶然、問題が解けた」ではなく、「再現性」をもって解けるようにするためにも、「問題を読む、解答する」の間に、「解答の構想を練る（仮説を立てる）」ことを大切にしてください。

なお、仮説を立てることに関しては、「仮説推論（アブダクション）」という、帰納と演繹に続く第3の思考法もあります。大学入試における数学では登場の機会が少ない考え方ですが、大量のデータからルールを発見する帰納的アプローチはAIが得意とするところなので、AIと共創するためには「演繹、仮説推論」する力が欠かせません。

1-5 知識＋思考＝総合力＝数学の神髄

2節から4節では、「知識（と技法）」と「思考」について考えました。本節では、それらのコラボレーションである「総合力」に踏み込みます。

ここまでのまとめとして、〈数学の神髄〉の解像度を上げると、「知識＋思考＝総合力＝数学の神髄」となります。

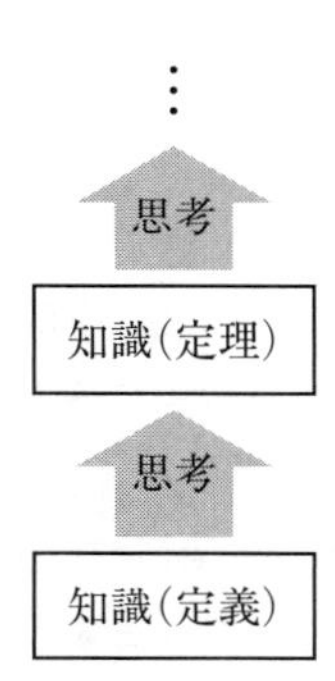

すなわち、「数学の神髄＝定義（知識）をスタート地点として思考するなかで、知識と思考をしんかすること」です。

先ほどの問題１－７を題材に、知識と思考からなる「総合力」への理解を、複数の目（眼）があるかのような（的）『複眼的思考』をキーワードに深めていきましょう。

解答１－７の $a_{n+2} = a_{n+1} + a_n$ で表される数の並びは、最初の２項を１とすると、

1、1、2、3、5、8、13、21、34、55、89、…

という数の並びになります。このような数列は「フィボナッチ数列」として有名です。

なお、問題１－７では、このような知識がなくても、１段、２段、３段、……と実験することで、ルールを見出す「思考力」があれば、問題解決にいたることができました。知識として知っているよりも、思考力によって理解を深めることができる好例として記憶に留めておいてください。

高校数学の知識があれば、フィボナッチ数列の一般項（第 n 項 a_n を表す n の式）を求めることができ、

$$a_n = \frac{\sqrt{5}}{5}\left\{\left(\frac{1+\sqrt{5}}{2}\right)^n - \left(\frac{1-\sqrt{5}}{2}\right)^n\right\}$$

となります。1、1、2、3、…という整数からなる数列の一般項が、根号を含んだ複雑な数式で表されることに驚くのではないでしょうか？

根号を含む計算の復習も兼ねて、$a_1 = 1$、$a_2 = 1$、$a_3 = 3$ となっていることを確認してみます。

$$\begin{aligned}
a_1 &= \frac{\sqrt{5}}{5}\left\{\left(\frac{1+\sqrt{5}}{2}\right)^1 - \left(\frac{1-\sqrt{5}}{2}\right)^1\right\} \\
&= \frac{\sqrt{5}}{5}\left(\frac{1+\sqrt{5}}{2} - \frac{1-\sqrt{5}}{2}\right) \\
&= \frac{\sqrt{5}}{5}\cdot\sqrt{5} \\
&= 1
\end{aligned}$$

$$\begin{aligned}
a_2 &= \frac{\sqrt{5}}{5}\left\{\left(\frac{1+\sqrt{5}}{2}\right)^2 - \left(\frac{1-\sqrt{5}}{2}\right)^2\right\} \\
&= \frac{\sqrt{5}}{5}\left(\frac{6+2\sqrt{5}}{4} - \frac{6-2\sqrt{5}}{4}\right) \\
&= \frac{\sqrt{5}}{5}\left(\frac{3+\sqrt{5}}{2} - \frac{3-\sqrt{5}}{2}\right) \\
&= \frac{\sqrt{5}}{5}\cdot\sqrt{5} \\
&= 1
\end{aligned}$$

$$a_3 = \frac{\sqrt{5}}{5}\left\{\left(\frac{1+\sqrt{5}}{2}\right)^3 - \left(\frac{1-\sqrt{5}}{2}\right)^3\right\}$$

$$= \frac{\sqrt{5}}{5}\left(\frac{16+8\sqrt{5}}{8} - \frac{16-8\sqrt{5}}{8}\right)$$

$$= \frac{\sqrt{5}}{5}\left\{(2+\sqrt{5}) - (2-\sqrt{5})\right\}$$

$$= \frac{\sqrt{5}}{5} \cdot 2\sqrt{5}$$

$$= 2$$

少なくとも、a_3までは正しいことが確認できました（高校で学習する「数学的帰納法」によって、すべての自然数nについて証明することができます）。

それでは、このフィボナッチ数列において、隣り合う２項の比がどのように変化するかを追ってみましょう。

$$\frac{a_2}{a_1} = \frac{1}{1} = 1$$

大

$$\frac{a_3}{a_2} = \frac{2}{1} = 2$$

小

$$\frac{a_4}{a_3} = \frac{3}{2} = 1.5$$

大

$$\frac{a_5}{a_4} = \frac{5}{3} = 1.666\cdots$$

小

$$\frac{a_6}{a_5} = \frac{8}{5} = 1.6$$

大

$$\frac{a_7}{a_6} = \frac{13}{8} = 1.625$$

小

$$\frac{a_8}{a_7} = \frac{21}{13} = 1.615\cdots$$

この比は、数値がどんどん大きくなるのではなく、1.6…に落ち着きそうです。その値が実際にいくつになるのかを、一般項を用いて計算します。

$$\frac{a_{n+1}}{a_n} = \frac{\frac{\sqrt{5}}{5}\left\{\left(\frac{1+\sqrt{5}}{2}\right)^{n+1} - \left(\frac{1-\sqrt{5}}{2}\right)^{n+1}\right\}}{\frac{\sqrt{5}}{5}\left\{\left(\frac{1+\sqrt{5}}{2}\right)^{n} - \left(\frac{1-\sqrt{5}}{2}\right)^{n}\right\}}$$

$$= \frac{\left(\frac{1+\sqrt{5}}{2}\right)^{n+1} - \left(\frac{1-\sqrt{5}}{2}\right)^{n+1}}{\left(\frac{1+\sqrt{5}}{2}\right)^{n} - \left(\frac{1-\sqrt{5}}{2}\right)^{n}}$$

この分母・分子を $\left(\frac{1+\sqrt{5}}{2}\right)^{n}$ で割ると、

$$= \frac{\frac{1+\sqrt{5}}{2} - \frac{1-\sqrt{5}}{2}\left(\frac{1-\sqrt{5}}{1+\sqrt{5}}\right)^{n}}{1 - \left(\frac{1-\sqrt{5}}{1+\sqrt{5}}\right)^{n}}$$

分母・分子にある2つの分数の分母を有理化すると、

$$=\frac{\frac{1+\sqrt{5}}{2}-\frac{1-\sqrt{5}}{2}\left(-\frac{3-\sqrt{5}}{2}\right)^n}{1-\left(-\frac{3-\sqrt{5}}{2}\right)^n}$$

ここで、$n\to\infty$、すなわち、nがものすごく大きくなったときを考えます。その下準備として、$-\frac{3-\sqrt{5}}{2}$がどのくらいの大きさかを見積もっておきます。

$\sqrt{4}<\sqrt{5}<\sqrt{9}$ なので、 $2<\sqrt{5}<3$

辺々に-1をかけると、不等号の向きが逆になって、

$$-3<-\sqrt{5}<-2$$

辺々に3を加えると、$0<3-\sqrt{5}<1$

辺々を２で割ると、　$0<\frac{3-\sqrt{5}}{2}<\frac{1}{2}$

$\sqrt{5}$ は、「富士山麓オウム鳴く」で2.2360679…と覚えた方が多いでしょう。これを用いると、$\frac{3-\sqrt{5}}{2}=0.38\cdots$です。しかし、今回のような不等式による評価に慣れることも、大学入試や数学においてはきわめて重要です。

仮に$\frac{3-\sqrt{5}}{2}=0.4$とすると、nをものすごく大きくしたとき、$\left(-\frac{3-\sqrt{5}}{2}\right)^n$の値が、$n$が増加するにつれてどのように変化するかを追跡すると、

$$0.4^1=0.4$$

$$0.4^2 = 0.16$$
$$0.4^3 = 0.064$$
$$0.4^4 = 0.0256$$
$$\vdots$$

なので、符号のマイナスを考慮しても 0 に近づきます。

よって、先ほどの $\frac{a_{n+1}}{a_n}$ において、$n \to \infty$ のとき、高校数学の記号 lim を用いると、

$$\lim_{n\to\infty} \frac{a_{n+1}}{a_n} = \lim_{n\to\infty} \frac{\frac{1+\sqrt{5}}{2} - \frac{1-\sqrt{5}}{2}\left(-\frac{3-\sqrt{5}}{2}\right)^n}{1-\left(-\frac{3-\sqrt{5}}{2}\right)^n}$$

$$= \frac{\frac{1+\sqrt{5}}{2} - \frac{1-\sqrt{5}}{2}\cdot 0}{1-0}$$

$$= \frac{1+\sqrt{5}}{2}$$

なんと、フィボナッチ数列の隣り合う 2 項の比が、「黄金比 $1 : \frac{1+\sqrt{5}}{2}$」とつながります。黄金比とは、さまざまな建築物や芸術作品でも自然に（？）使われている、人間が美しいと感じる縦横の比率です。数式を追っていくことが、人間の美意識という直感とつながるとは、じつに興味深いことです。STEM の「M (数学)」が、STEAM の「A (芸術・教養)」と交わりました。

　ここであらためて、先ほどいくつか求めたフィボナッチ数列の隣り合う 2 項の比を複眼的に（異なる角度から）眺めます。

$$\frac{a_2}{a_1} = \frac{1}{1} = 1$$

$$\frac{a_3}{a_2} = \frac{2}{1} = 2$$

$$\frac{a_4}{a_3} = \frac{3}{2} = 1.5$$

$$\frac{a_5}{a_4} = \frac{5}{3} = 1.666\cdots$$

$$\frac{a_6}{a_5} = \frac{8}{5} = 1.6$$

$$\frac{a_7}{a_6} = \frac{13}{8} = 1.625$$

$$\frac{a_8}{a_7} = \frac{21}{13} = 1.615\cdots$$

　どのような分数のときに有限小数になるか、気づいたでしょうか？

　有限小数とは、無限に続く無限小数と異なり、小数がどこかで終わるものを指します。

　上記を詳しく見ることで、整数でない既約分数（分母と分子が整数で、既に約分を終えた分数）の分母の素因数が、2 と 5 だけからなることが有限小数になる条件になっていることに気づきます。

$$\frac{a_2}{a_1} = \frac{1}{1} = 1$$ ←整数

$$\frac{a_3}{a_2} = \frac{2}{1} = 2$$ ←整数

$$\frac{a_4}{a_3} = \frac{3}{2} = 1.5$$ ←分母が2のみなので、有限小数

$$\frac{a_5}{a_4} = \frac{5}{3} = 1.666\cdots$$ ←分母が3なので、有限小数でない

$$\frac{a_6}{a_5} = \frac{8}{5} = 1.6$$ ←分母が5のみなので、有限小数

$$\frac{a_7}{a_6} = \frac{13}{8} = 1.625$$ ←分母8（$= 2^3$）の素因数は2のみなので、有限小数

$$\frac{a_8}{a_7} = \frac{21}{13} = 1.615\cdots$$ ←分母が13なので、有限小数でない

このように、ただ単に問題1-7を解くだけではなく、フィボナッチ数列や黄金比、有限小数になる条件と、「複眼的」に思考する（味わう、眺める）ことが、総合力（＝知識＋思考）を養ってくれます。そして、そのような学びが、「体系化された知識」や「複眼的思考」を鍛えることにつながります。

このような力を身につけることが、より多くの、よりレベルの高い「問題発見」や「問題解決」につながることは間違いありません。

「知識と思考」からなる『総合力』をまとめると、次のようになります。

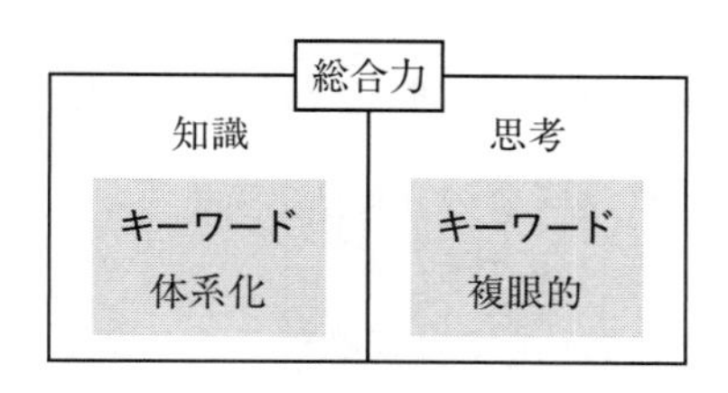

最低限の知識がないと思考することはできませんが、知識と思考の間に、以下のような双方向の矢印があることを意識してください。

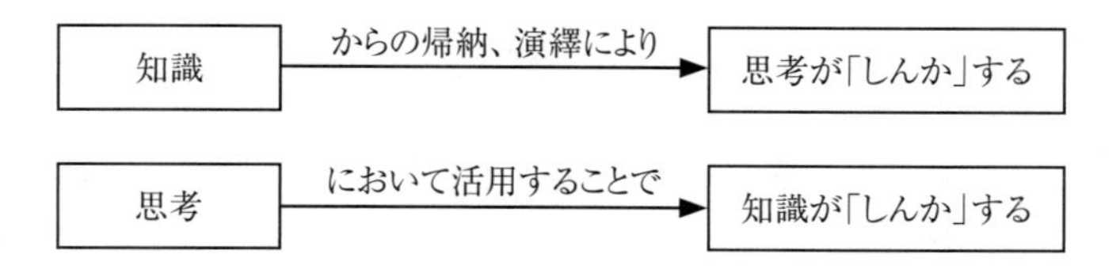

問題を解くことを通して、知識と思考を「しんか」させることを、あらためて確認しておきましょう。

問題 1-8　a、b を定数とするとき、次の方程式を解け。

(1) 方程式 $ax-1=0$

(2) 1次方程式 $ax-1=0$

(3) 方程式 $ax-b=0$

解答 1-8　(1) 与えられた方程式 $ax-1=0$ の左辺の -1 を移項すると、

$$ax=1 \quad \cdots\cdots☆$$

この両辺を a で割って、即座に $x=\dfrac{1}{a}$ としてはいけません。なぜならば、$a=0$ のときは、両辺を「0（$=a$）で割ることはできない」からです。

ここで、「0で割る」ことに触れておきましょう。割り算をかけ算に直すと、

$$6 \div 3 = 2 \quad \rightarrow \quad 3 \cdot 2 = 6$$

とすることができます。同じように、0で割ることを考えると、

$$1 \div 0 = \square \quad \rightarrow \quad 0 \cdot \square = 1$$

となり、これを満たす数□はありません。この例からも、「0で割ることはできない」としたほうがよさそうだとわかります。

また、「0で割ることができる」とすると、次のような不都合が生じます。$a \neq 0$ のとき、$ab=ac$ の両辺を a で割り、$b=c$ を得ることがよくあります。たとえば、方程式 $3x=9$ の両辺を3で割り、$x=3$ と解くときです。

$0 \cdot 2 = 0 \cdot 3$ ですが、この両辺を「0で割る」とどうでしょうか？

すぐわかるように、$2 = 3$となってしまいます。このようなことが起こらないように、「0で割ることは禁止」されているのです。

あらためて、方程式$ax = 1$ ……☆に戻りましょう。両辺を文字定数で割るときは、その文字が0か0でないかで「場合分け」をします。

1：$a \neq 0$のとき

☆の両辺をaで割ることができ、

$$x = \frac{1}{a}$$

2：$a = 0$のとき

☆は、$0 \cdot x = 1$となります。両辺を0で割ることはできないので、これをどのように解けばいいでしょうか？

困ったときは「定義」に戻ります。方程式の「解」とはなんでしょうか？

方程式に代入すると、その方程式を満たす数です（たとえば、$3x = 9$の解$x = 3$は、元の方程式に代入すると$3 \cdot 3 = 9$となり、方程式$3x = 9$を満たします）。

今回は$0 \cdot x = 1$なので、「この方程式の解は、0にかけて1になる数」です。このような数はもちろん存在しないので、$a = 0$のとき、この方程式の解はありません。

(2) (1)の問題文に、1次方程式$ax-1=0$、と「1次」という2文字が追加されています。数学では、このような問題文の細部に気を配ることも重要です。

1次方程式とは、方程式のすべての項を左辺に移項して整理したとき、

$$ax+b=0$$

のような形になり、左辺がxの1次式になる方程式のことです。

（この定義により、

$$2x^2+3x+4=2x^2+x+3$$

は、移項により、

$$2x+1=0$$

となるので、両辺にx^2の項がありますが、1次方程式です）

このような「知識」があると、もし$a=0$だと、
$ax-1=0$という方程式は$0 \cdot x-1=0$となり、xが消えてしまうため、左辺がxの1次式ではなくなることがすぐにわかります。

したがって、問題文に「1次方程式$ax-1=0$」とあれば、「$a \neq 0$」という条件が隠れています。$a \neq 0$であれば、両辺をaで割ることにまったく問題はないので、(1)のように場合分けをすることなく、

$$x = \frac{1}{a}$$

としてかまいません。

(3) 方程式 $ax - b = 0$ なので、まずは $-b$ を移項して、

$$ax = b$$

この両辺を文字定数 a で割りたいので、a が0であるかどうかによって場合分けをして解き進めます。

1：$a \neq 0$ のとき

$$x = \frac{b}{a}$$

2：$a = 0$ のとき

この方程式は $0 \cdot x = b$ となり、(1) の2：のように「定義」に戻ったうえで、さらに b の値によって場合分けをすることになります。

A：$b \neq 0$ のとき

$0 \cdot x = b$ の左辺は、どのような x を代入しても0になり、b (0以外の数) と等しくなることはありません。したがって、解なしです。

B：$b = 0$ のとき

$0 \cdot x = b$ の左辺は、どのような x を代入しても0になり、b $(= 0)$ と等しくなるので、解はすべての実数となります。

（1次）方程式に関する知識が、問題を解く最中に思考することで深まり、体系化されました。このように、問題を解くための「思考」が「知識の質」につながるようにしましょう。そうすれば、次に類題を解くときには、その「しんかした知識」をもとにして「思考」することができます。

問題1－8でみたように、思考を深めていくと、1次方程式を解くという「基礎」も奥が深いことがわかります。教科書に書かれている基礎的な事項は、決して簡単なわけではありません。

むしろ、「基礎≠簡単」「教科書≠簡単」です。高校数学を何年も教えている私自身、今でも教科書から新たな学びを得ることがあります（生徒の考えや間違いに触れることからも、多くを学ぶことができます）。

どのような問題においても、基礎的な事項がその背景となっています。「基礎＝最重要」「教科書＝最重要」と心に刻んで、問題を解くたびに基礎の理解を深めるチャンスがあることを意識してください！

最後に、次章以降を解き進める（読み進める）うえでの注意点に触れておきます。45〜46ページのように、

$$
\begin{aligned}
0.4^1 &= 0.4 \\
0.4^2 &= 0.16 \\
0.4^3 &= 0.064 \\
0.4^4 &= 0.0256 \\
&\vdots
\end{aligned}
$$

でした。0.4ではなく、0.9ですら、

$$
\begin{aligned}
0.9^1 &= 0.9 \\
0.9^2 &= 0.81 \\
0.9^3 &= 0.729 \\
0.9^4 &= 0.6561 \\
&\vdots
\end{aligned}
$$

となり、0に収束します（0に近づきます）。さらに、1では、

$$
\begin{aligned}
1^1 &= 1 \\
1^2 &= 1 \\
1^3 &= 1 \\
1^4 &= 1 \\
&\vdots
\end{aligned}
$$

となり、1に収束します。しかし、1.1では、

$$
\begin{aligned}
1.1^1 &= 1.1 \\
1.1^2 &= 1.21 \\
1.1^3 &= 1.331 \\
1.1^4 &= 1.4641 \\
&\vdots
\end{aligned}
$$

となり、∞（正の無限大）に発散します。これらの前提からの「帰納」により、

1未満（100％未満）の努力　→　退化
1（100％）の努力　→　現状維持
1（100％）を超える努力　→　進化（しんか）

という結論を導くことができます（一般化しすぎでしょうか？）。

第2章以降では、本格的に大学入試問題を取り上げますので、ややレベルが上がります。読み物としての側面が強い第2章ではありますが、筆記用具を手に、思考しながら解き進めて（読み進めて）ください。そのとき、「全力を出し切らないと、しんかすることはできない」をつねに念頭に置いて、脳と手をフル回転させていただければと思います。

本章を通して、全体像を把握した〈数学の神髄〉ですが、第3章～第5章ではさらに踏み込んでその解像度を上げていきます。その準備運動も兼ねて、続く第2章でも数学の「神化（神髄に迫る）」を続けましょう！

第2章　中学数学で解く大学入試問題

2-1　高校数学と中学数学で解く

本節では、実際の大学入試問題4問を取り上げ、「高校数学を利用した解答」と「中学数学のみによる解答」を紹介します。両者の違いから、中学数学で解くメリットや面白さを感じていただきたいと思います。

問題文を読み解く段階で苦労するような問題は、このような目的の例題として適していません。そこで、幾何（特に平面図形）に関連する問題を中心に選びました。幾何の問題では、「図を描くことで、視覚的に問題文を理解できる」からです。

じつは、数学を学ぶうえで、幾何は最適の「入り口」です。第1章でユークリッドの『原論』に触れましたが、定義から順に積み上げる経験を幾何を通して得ることは、その後の数学の学びに好影響を与えてくれます。

また、日本の学校教育では、完成した数学を基礎から順に学びますが、必ずしもそれがわかりやすい配列とは限りません。微分積分学がニュートンとライプニッツによって大きく発展したのは17世紀のことですから、私たち人間にとって直感的な数学ではありません。

その点、幾何学の起源は古代エジプトまで遡ります。ナイル川の氾濫によって荒れた土地を再分配するために、土地の測量術が必要になったことから始まったと考えられています。数学という学問がまだまだ発展を遂げていない時代から、日常生活と密着するかたちで始まった分野なので、幾何は、人類にとって数学の中では最も親しみやすい分野といえるでしょう。

本節では、そのような幾何（特に平面図形）の大学入試問題を、①高校数学で学習するベクトルを利用した解答と、②中学数学で解く解答等を比較しながら、「中学数学で大学入試問題を解くメリット」を探っていきます。

具体的な例題に入る前に、本書で取り上げる問題に登場する「三角形の五心」について整理しておきます。三角形の五心とは、以下の５つを指します。

五心：外心、内心、重心、垂心、傍心

本書では、垂心、重心、外心の３つが登場しますので、それぞれどのような性質があるかをまとめておきます（興味がおありの方は、内心、傍心についても調べてみてください）。

垂心　三角形の３頂点から、対辺またはその延長に下ろした垂線の交点（H）

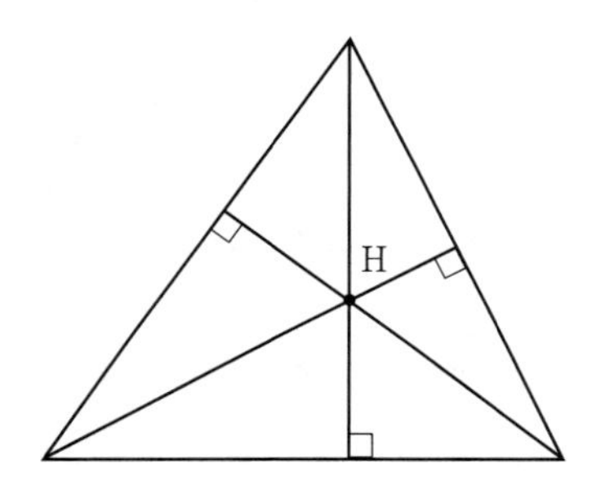

重心　三角形の３本の中線の交点（G）

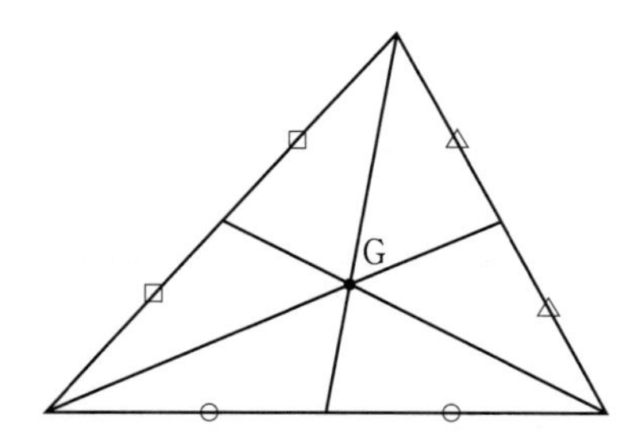

重心は、各中線を2：1に内分します。長さの比を○、△、□で囲んで図示すると、次図のようになります（本書ではこれ以降も、実際の長さと区別するため、長さの比は○等で囲みます）。

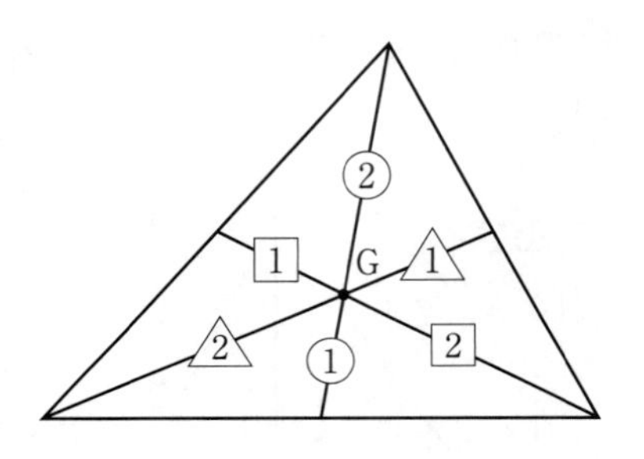

外心 三角形の３辺の垂直二等分線の交点（O）

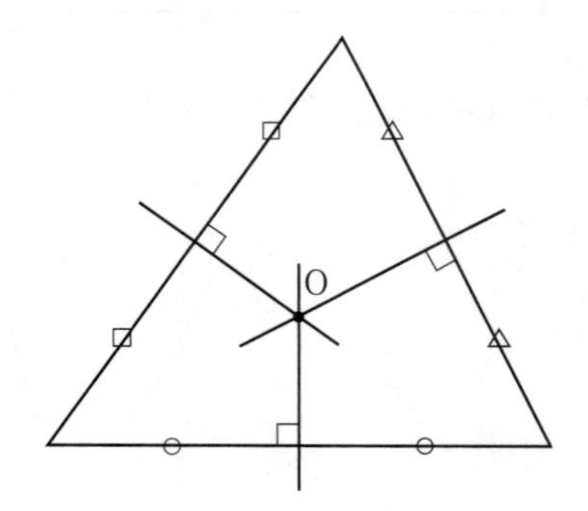

そして、外心は、次図のように、当該の三角形の外接円の中心でもあります。

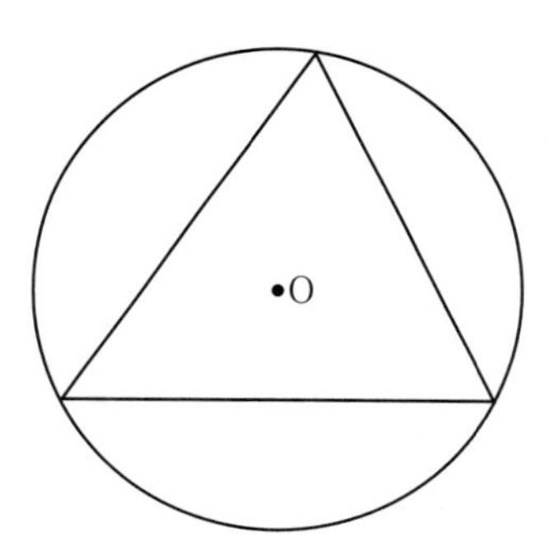

問題 2-1

1961 東京大学 2 次

△ ABC の 3 辺 BC、CA、AB の上にそれぞれ点 L、M、N をとり、$\frac{BL}{LC}=\frac{CM}{MA}=\frac{AN}{NB}=\frac{1}{2}$ にする。AL と CN の交点を P、AL と BM の交点を Q、BM と CN の交点を R とするとき、△ PQR の面積と△ ABC の面積との比を求めよ。

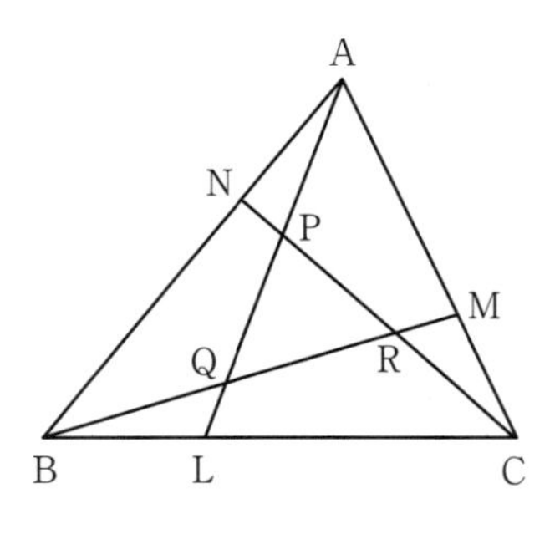

解答 2-1 長さの比も含めてあらためて図を描くと、次図のようになります。

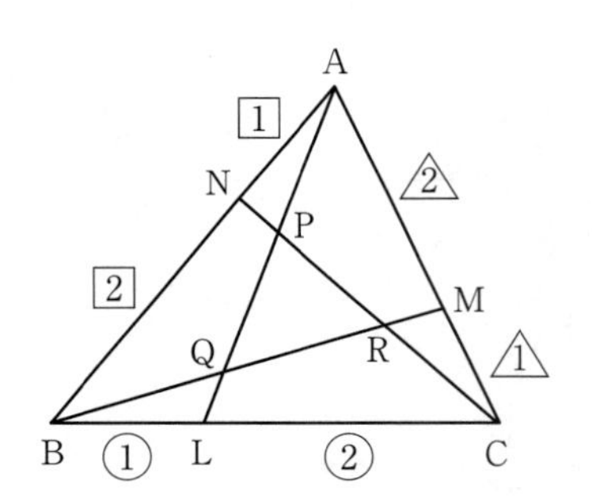

この問題では、

解答 1：高校数学で学習するベクトルで解く

解答 2：中学数学の発展的な定理で解く

解答 3：中学数学で解く

という 3 パターンの解答を紹介します。高校数学を利用した解答は、「高校数学の知識があると、このように解ける」ことを味わっていただくために示すものですので、流し読みしていただいてかまいません。

解答 2-1-1　高校数学で学習するベクトルで解く

高校数学で学習する、数学上の武器である「ベクトル」を用います。ここでは、$\vec{b}=\overrightarrow{AB}$、$\vec{c}=\overrightarrow{AC}$とします。

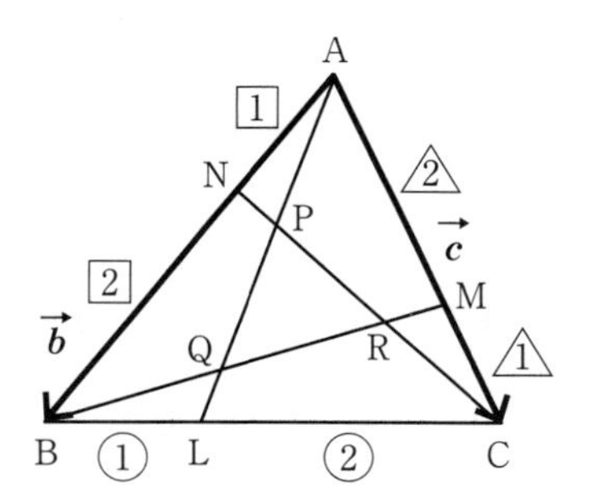

このとき、$\overrightarrow{AL}=\frac{2}{3}\vec{b}+\frac{1}{3}\vec{c}$です。P、Qは直線AL上にありますので、実数$p$、$q$を用いて、

$$\overrightarrow{AP}=p\overrightarrow{AL}=\frac{2}{3}p\vec{b}+\frac{1}{3}p\vec{c}\quad\cdots\cdots①$$

$$\overrightarrow{AQ}=q\overrightarrow{AL}=\frac{2}{3}q\vec{b}+\frac{1}{3}q\vec{c}\quad\cdots\cdots②$$

①を変形すると、

$$\overrightarrow{AP}=\frac{2}{3}p\vec{b}+\frac{1}{3}p\vec{c}=2p\left(\frac{1}{3}\vec{b}\right)+\frac{1}{3}p\vec{c}$$

$$=\underline{2p}\overrightarrow{AN}+\underline{\frac{1}{3}p}\overrightarrow{AC}$$

Pは、(直線AL上にあると同時に) 直線CN上にもあるので、

$$\underline{2p} + \underline{\frac{1}{3}p} = 1$$

よって、 $$p = \frac{3}{7}$$

したがって、 $$\overrightarrow{AP} = \frac{3}{7}\overrightarrow{AL} \quad \cdots\cdots③$$

Qについても同様です。②も変形すると、

$$\overrightarrow{AQ} = \frac{2}{3}q\vec{b} + \frac{1}{3}q\vec{c} = \frac{2}{3}q\vec{b} + \frac{1}{2}q\left(\frac{2}{3}\vec{c}\right)$$

$$= \frac{2}{3}q\overrightarrow{AB} + \frac{1}{2}q\overrightarrow{AM}$$

Qは、(直線AL上にあると同時に) 直線BM上にもあるので、

$$\frac{2}{3}q + \frac{1}{2}q = 1$$

よって、 $$q = \frac{6}{7}$$

したがって、 $$\overrightarrow{AQ} = \frac{6}{7}\overrightarrow{AL} \quad \cdots\cdots④$$

③から、Pは線分ALを3：4に内分する点であることがわかります。

④から、Qは線分ALを6：1に内分する点であることがわかります。

これらから、P、Qは線分AL上の次図の位置にあることがわかります。

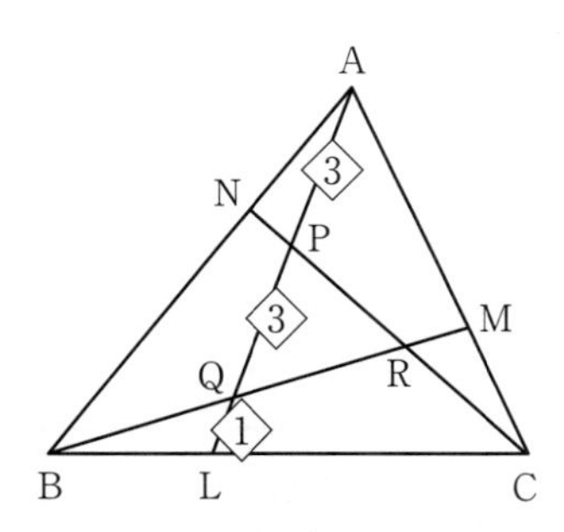

△PQRの面積と△ABCの面積との比を求めたいので、全体からくり抜いて、

$$\triangle \mathrm{PQR} = \triangle \mathrm{ABC} - (\triangle \mathrm{ABQ} + \triangle \mathrm{BCR} + \triangle \mathrm{CAP})$$

として求めます。

$$\triangle \mathrm{ABQ} = \frac{6}{7}\triangle \mathrm{ABL} = \frac{6}{7}\cdot\frac{1}{3}\triangle \mathrm{ABC} = \frac{2}{7}\triangle \mathrm{ABC}$$

同様に、$\triangle BCR = \triangle CAP = \frac{2}{7}\triangle ABC$から、

$$
\begin{aligned}
&\triangle PQR \\
&= \triangle ABC - (\triangle ABQ + \triangle BCR + \triangle CAP) \\
&= \triangle ABC - \left(\frac{2}{7}\triangle ABC + \frac{2}{7}\triangle ABC + \frac{2}{7}\triangle ABC\right) \\
&= \triangle ABC - \frac{6}{7}\triangle ABC \\
&= \frac{1}{7}\triangle ABC
\end{aligned}
$$

よって、 $\triangle PQR : \triangle ABC = 1 : 7$

解答 2-1-2 中学数学の発展的な定理で解く

ここで使う中学数学の発展的な定理は「メネラウスの定理」です。メネラウスの定理とは、次のような線分の比からなる分数の積が1になるという定理です。

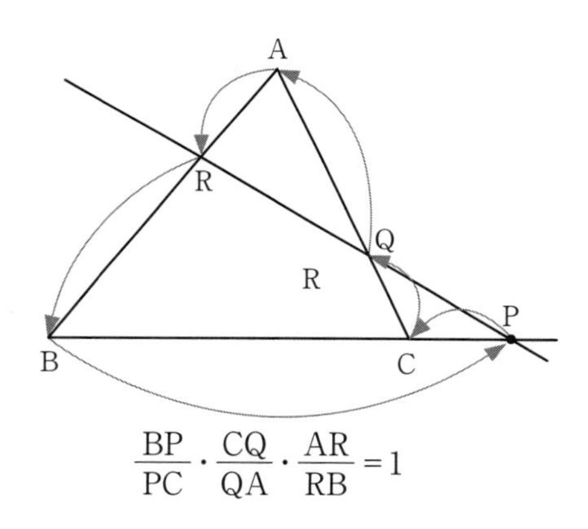

$$\frac{BP}{PC}\cdot\frac{CQ}{QA}\cdot\frac{AR}{RB}=1$$

この問題では、△ACL と直線 BM においてメネラウスの定理より、

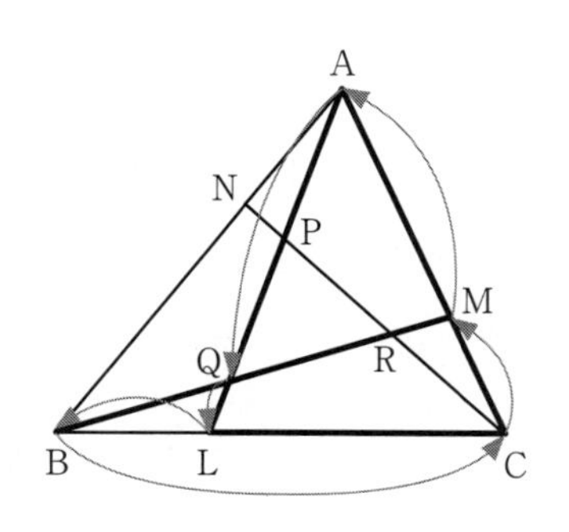

$$\frac{AQ}{QL}\cdot\frac{LB}{BC}\cdot\frac{CM}{MA}=1$$

よって、
$$\frac{AQ}{QL}\cdot\frac{1}{3}\cdot\frac{1}{2}=1$$

したがって、 $\frac{AQ}{QL} = 6$ ですから、$AQ = \frac{6}{7}AL$

ということは、

$$\triangle ABQ = \frac{6}{7}\triangle ABL = \frac{6}{7}\cdot\frac{1}{3}\triangle ABC = \frac{2}{7}\triangle ABC$$

以下、解答2－1－1と同様です。

解答 2-1-3 中学数学で解く

補助線として、BとPを結びます。

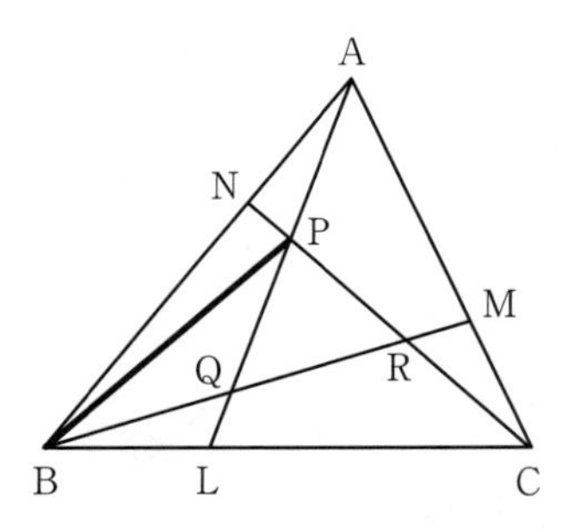

△ABPと△CAPにおいて、APを共通の底辺とすると、面積比は高さの比になるので、

$$\triangle ABP : \triangle CAP = 1 : 2 \quad \cdots\cdots①$$

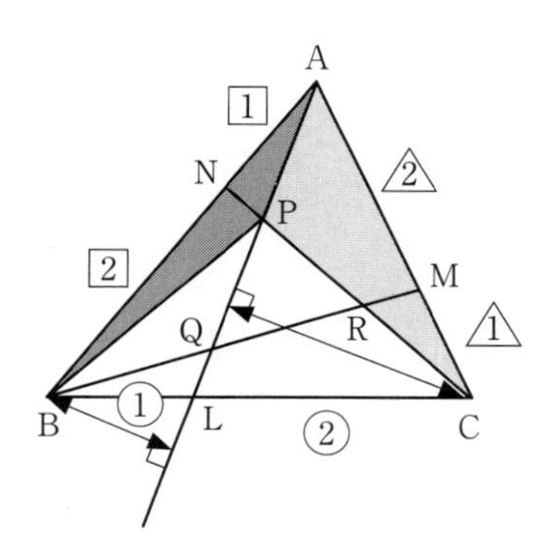

同じ図で、違う三角形の面積比を調べます。△CAP と △BCP において、CP を共通の底辺とすると、面積比は高さの比になるので、

$$\triangle \mathrm{CAP} : \triangle \mathrm{BCP} = 1 : 2 \quad \cdots\cdots②$$

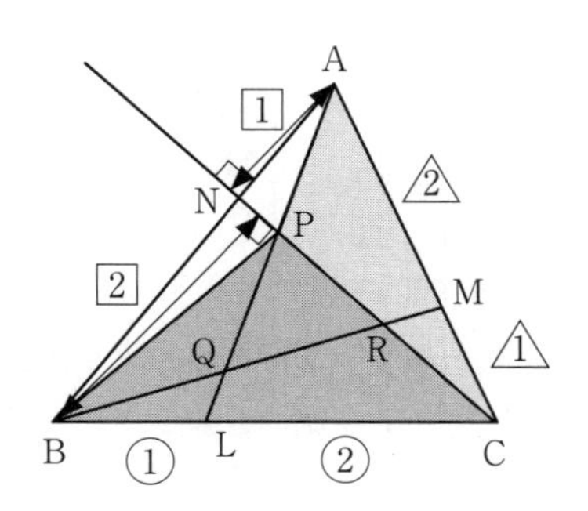

①、②より、

$$\triangle ABP : \triangle CAP : \triangle BCP = 1 : 2 : 4$$

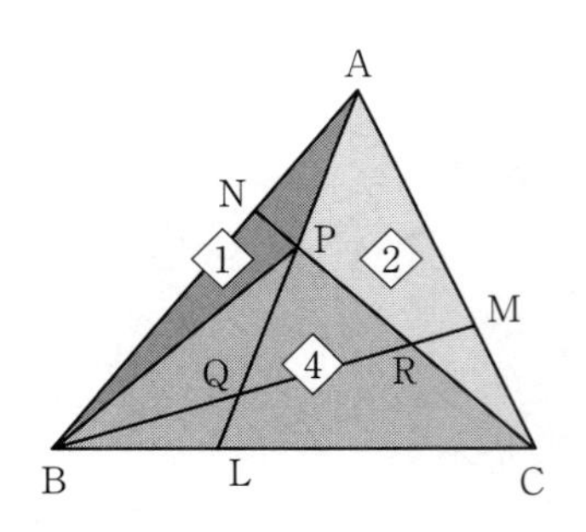

よって、 $\triangle CAP = \dfrac{2}{7} \triangle ABC$

以下、解答2－1－1と同様です。

3つの解答を比較して、いかがでしょうか？

解答2－1－1は、ベクトルの基礎を理解していれば、半分計算問題となり、解答2－1－2は、メネラウスの定理を適用できれば、残りは基本問題です。解答2－1－3では、線分BPを引くことがかなり難しいでしょう。

このように、高校数学の知識抜きで大学入試問題を解くのはそれなりに高いハードルがありますが、中学数学で解くことにより、それを補って余りある「考え抜く力（持続する思考力、そして、考える楽しさ、解けた喜び）」を得ることができます。

問題 2-2

2021 京都大学文系前期

$\triangle$OAB において OA $= 3$、OB $= 2$、$\angle$AOB $= 60°$ とする。$\triangle$OAB の垂心を H とするとき、$\overrightarrow{OH}$ を $\overrightarrow{OA}$ と $\overrightarrow{OB}$ を用いて表せ。

ヒント　垂心　59 ページ

解答 2-2-1　高校数学で学習するベクトルで解く

まず、図を描いておきます。

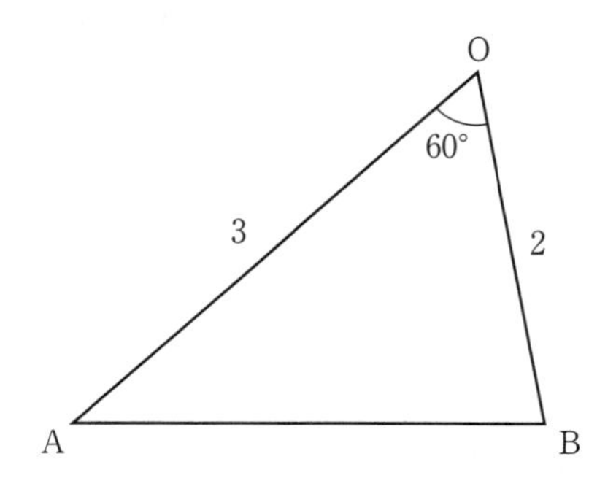

OA $= 3$、OB $= 2$、$\angle$AOB $= 60°$ なので、

$$\overrightarrow{OA}\cdot\overrightarrow{OB} = 3\cdot 2\cos 60° = 3\cdot 2\cdot\frac{1}{2} = 3$$

また、$\overrightarrow{BH} \perp \overrightarrow{OA}$ なので、$\overrightarrow{BH}\cdot\overrightarrow{OA} = 0$　……①

$\overrightarrow{AH} \perp \overrightarrow{OB}$ なので、$\overrightarrow{AH}\cdot\overrightarrow{OB} = 0$　……②

ここで、$\overrightarrow{OH} = s\overrightarrow{OA} + t\overrightarrow{OB}$ (s、t は実数) とおきます。

①より、

$$
\begin{aligned}
(\overrightarrow{OH} - \overrightarrow{OB}) \cdot \overrightarrow{OA} &= 0 \\
(s\overrightarrow{OA} + t\overrightarrow{OB} - \overrightarrow{OB}) \cdot \overrightarrow{OA} &= 0 \\
\left\{s\overrightarrow{OA} + (t-1)\overrightarrow{OB}\right\} \cdot \overrightarrow{OA} &= 0 \\
s|\overrightarrow{OA}|^2 + (t-1)\overrightarrow{OA} \cdot \overrightarrow{OB} &= 0 \\
s \cdot 3^2 + (t-1) \cdot 3 &= 0 \\
9s + 3t - 3 &= 0 \\
3s + t - 1 &= 0 \cdots\cdots ③
\end{aligned}
$$

②より、

$$
\begin{aligned}
(\overrightarrow{OH} - \overrightarrow{OA}) \cdot \overrightarrow{OB} &= 0 \\
(s\overrightarrow{OA} + t\overrightarrow{OB} - \overrightarrow{OA}) \cdot \overrightarrow{OB} &= 0 \\
\left\{(s-1)\overrightarrow{OA} + t\overrightarrow{OB}\right\} \cdot \overrightarrow{OB} &= 0 \\
(s-1)\overrightarrow{OA} \cdot \overrightarrow{OB} + t|\overrightarrow{OB}|^2 &= 0 \\
(s-1) \cdot 3 + t \cdot 2^2 &= 0 \\
3s - 3 + 4t &= 0 \quad \cdots\cdots ④
\end{aligned}
$$

③、④より、 $s = \dfrac{1}{9}$、$t = \dfrac{2}{3}$

よって、 $\overrightarrow{OH} = \dfrac{1}{9}\overrightarrow{OA} + \dfrac{2}{3}\overrightarrow{OB}$

解答 2-2-2 中学数学で解く

解答2-2-1とは△OABの向きを変えて、次図のようにAからOBに垂線を下ろします。すると、30°、60°、90°の直角三角形ができます。その3辺の比が $1:2:\sqrt{3}$ であることから、2本の線分の長さが求まります。

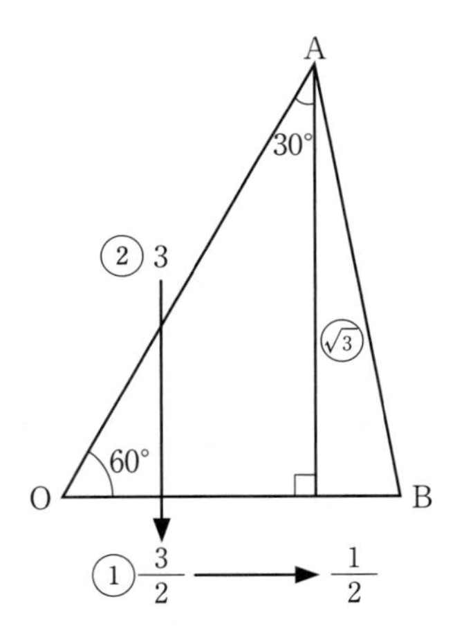

続いて、B から OA にも垂線 BC を下ろすと、先ほどと同様、次図のように線分の長さが求まります。

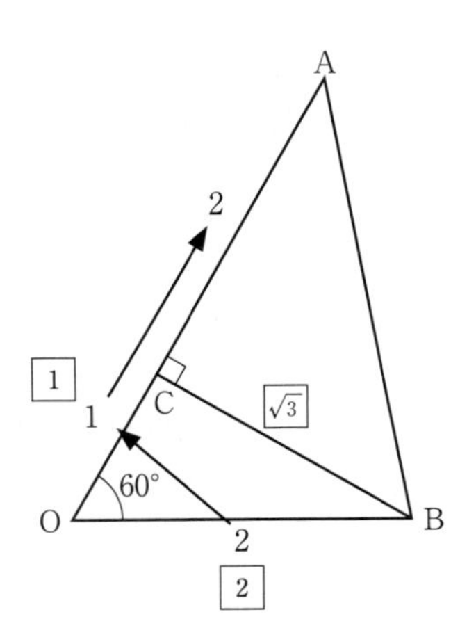

ここまでの情報を次図にまとめます。

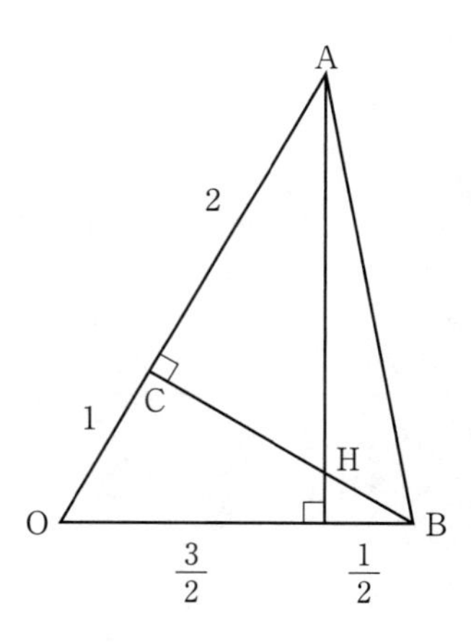

△OBC と直線 AH においてメネラウスの定理を用いると、

$$\frac{3}{1}\cdot\frac{\mathrm{BH}}{\mathrm{HC}}\cdot\frac{2}{3}=1$$

$$\frac{\mathrm{BH}}{\mathrm{HC}}=\frac{1}{2}$$

よって、　$\mathrm{BH}:\mathrm{HC}=1:2$

これで、垂心 H は、BC を 1：2 に内分する点であることがわかりました。最後に、ベクトルの知識を加えると、答えは、

$$\overrightarrow{OH} = \frac{1\overrightarrow{OC} + 2\overrightarrow{OB}}{2+1} = \frac{\frac{1}{3}\overrightarrow{OA} + 2\overrightarrow{OB}}{3} = \frac{1}{9}\overrightarrow{OA} + \frac{2}{3}\overrightarrow{OB}$$

解答2-1-1のようにベクトルを用いて解くこともできましたが、その過程では、Hの位置はわかりませんでした。このように、中学数学で解くことは、「問題の本質に迫る」「計算量が激減する」ことにつながります。

なお、最終的な解答の $\overrightarrow{OH} = \frac{1}{9}\overrightarrow{OA} + \frac{2}{3}\overrightarrow{OB}$ から逆算することで、位置を割り出すことはできます。

$$\overrightarrow{OH} = \frac{1}{9}\overrightarrow{OA} + \frac{2}{3}\overrightarrow{OB} = \frac{\frac{1}{3}\overrightarrow{OA}}{3} + \frac{2\overrightarrow{OB}}{3}$$

$$= \frac{\overrightarrow{OC}}{3} + \frac{2\overrightarrow{OB}}{3} = \frac{\overrightarrow{OC} + 2\overrightarrow{OB}}{3}$$

として、Hは、BCを1：2に内分する点であることがわかります。

問題文で与えられた「60°」、「垂心の90°」から、次図の直角三角形を連想することが、中学数学での解法の手がかりになりました。

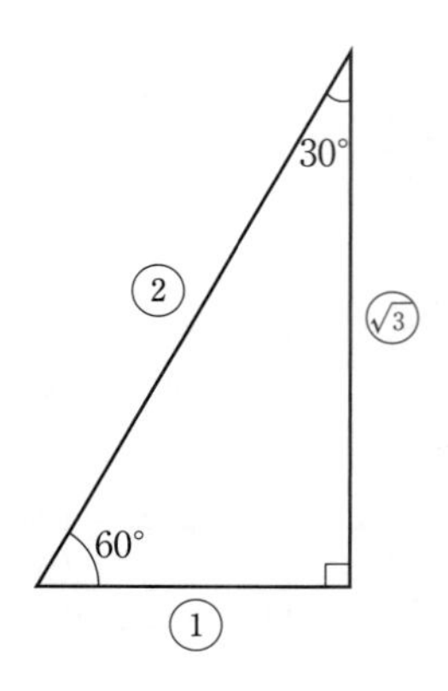

　このような「連想」が、問題を解けるかどうかのカギになることもありますから、つながりのある「体系化された知識」にすることは大切です。

問題 2-3　**2022 京都大学文理共通前期**

四面体 OABC が、

$OA = 4$、$OB = AB = BC = 3$、

$OC = AC = 2\sqrt{3}$

を満たしているとする。P を辺 BC 上の点とし、△ OAP の重心を G とする。このとき、次の各問に答えよ。

(1) $\overrightarrow{PG} \perp \overrightarrow{OA}$ を示せ。

(2) P が辺 BC 上を動くとき、PG の最小値を求めよ。

ヒント　重心　59 ページ

解答 2-3-1　高校数学で学習するベクトルで解く

　のちほど解答２－３－２で図を描きますので、こちらの解答では図は使用せず、完全に計算のみで乗り切ります。

$\vec{a}=\overrightarrow{OA}$、$\vec{b}=\overrightarrow{OB}$、$\vec{c}=\overrightarrow{OC}$ とします。

(1) P は辺 BC 上の点なので、実数 k $(0 \leqq k \leqq 1)$ を用いて、

$$\overrightarrow{OP}=(1-k)\vec{b}+k\vec{c}$$

G は△OAP の重心なので、

$$\overrightarrow{OG}=\frac{\overrightarrow{OA}+\overrightarrow{OP}}{3}=\frac{\vec{a}+(1-k)\vec{b}+k\vec{c}}{3}$$

よって、$\overrightarrow{PG}=\overrightarrow{OG}-\overrightarrow{OP}$

$$=\frac{\vec{a}+(1-k)\vec{b}+k\vec{c}}{3}-\left\{(1-k)\vec{b}+k\vec{c}\right\}$$

$$=\frac{\vec{a}+(1-k)\vec{b}+k\vec{c}}{3}-\frac{3\left\{(1-k)\vec{b}+k\vec{c}\right\}}{3}$$

$$=\frac{\vec{a}-2(1-k)\vec{b}-2k\vec{c}}{3}$$

したがって、

$$\overrightarrow{PG}\cdot\overrightarrow{OA}$$

$$=\left\{\frac{\vec{a}-2(1-k)\vec{b}-2k\vec{c}}{3}\right\}\cdot\vec{a}$$

$$=\frac{1}{3}\left\{|\vec{a}|^2-2(1-k)\vec{a}\cdot\vec{b}-2k\vec{c}\cdot\vec{a}\right\}\cdots\cdots☆$$

ここで、$|\vec{a}| = 4$、$|\vec{b}| = 3$ なので、

$$\begin{aligned} |\vec{b} - \vec{a}|^2 &= |\vec{b}|^2 - 2\vec{a}\cdot\vec{b} + |\vec{a}|^2 \\ &= 3^2 - 2\vec{a}\cdot\vec{b} + 4^2 \\ &= 25 - 2\vec{a}\cdot\vec{b} \end{aligned}$$

また、$|\overrightarrow{AB}| = |\vec{b} - \vec{a}| = 3$ から、$|\vec{b} - \vec{a}|^2 = 3^2 = 9$ なので、

$$\begin{aligned} 25 - 2\vec{a}\cdot\vec{b} &= 9 \\ \vec{a}\cdot\vec{b} &= 8 \end{aligned}$$

同様に、$|\vec{c}| = 2\sqrt{3}$、$|\vec{a}| = 4$、$|\overrightarrow{CA}| = |\vec{a} - \vec{c}| = 2\sqrt{3}$ なので、 $\vec{c}\cdot\vec{a} = 8$

これらから、☆は、

$$\begin{aligned} &\overrightarrow{PG}\cdot\overrightarrow{OA} \\ &= \frac{1}{3}\left\{|\vec{a}|^2 - 2(1-k)\vec{a}\cdot\vec{b} - 2k\vec{c}\cdot\vec{a}\right\} \\ &= \frac{1}{3}\left\{4^2 - 2(1-k)\cdot 8 - 2k\cdot 8\right\} \\ &= \frac{1}{3}(16 - 16 + 16k - 16k) \\ &= 0 \end{aligned}$$

$\overrightarrow{PG} \neq \vec{0}$、$\overrightarrow{OA} \neq \vec{0}$ ですから、 $\overrightarrow{PG} \perp \overrightarrow{OA}$

(2) (1)の後半と同様に、$|\vec{b}| = 3$、$|\vec{c}| = 2\sqrt{3}$、
$|\overrightarrow{BC}| = |\vec{c} - \vec{b}| = 3$ なので、 $\vec{b}\cdot\vec{c} = 6$

よって、
$$|\overrightarrow{PG}|^2$$
$$= \left| \frac{\vec{a} - 2(1-k)\vec{b} - 2k\vec{c}}{3} \right|^2$$
$$= \frac{1}{9}\{|\vec{a}|^2 + 4(1-k)^2|\vec{b}|^2$$
$$+ 4k^2|\vec{c}|^2 - 4(1-k)\vec{a}\cdot\vec{b}$$
$$+ 8(1-k)k\vec{b}\cdot\vec{c} - 4k\vec{c}\cdot\vec{a}\}$$
$$= \frac{1}{9}\{4^2 + 4(1-k)^2\cdot 3^2$$
$$+ 4k^2(2\sqrt{3})^2 - 4(1-k)\cdot 8$$
$$+ 8(1-k)k\cdot 6 - 4k\cdot 8\}$$
$$= \frac{1}{9}\{16 + (36 - 72k + 36k^2)$$
$$+ 48k^2 - 32 + 32k$$
$$+ 48k - 48k^2 - 32k\}$$
$$= \frac{1}{9}(36k^2 - 24k + 20)$$
$$= \frac{1}{9}\left\{36\left(k - \frac{1}{3}\right)^2 + 16\right\}$$
$$= 4\left(k - \frac{1}{3}\right)^2 + \frac{16}{9}$$

したがって、$|\overrightarrow{PG}|^2$ は $k = \frac{1}{3}$ のとき、最小値 $\frac{16}{9}$

$|\overrightarrow{PG}| > 0$ なので、$|\overrightarrow{PG}|$ は、$k = \frac{1}{3}$ のとき、最小値 $\sqrt{\frac{16}{9}} = \frac{4}{3}$

解答 2-3-2 中学数学で解く

⑴線分OAの中点をMとして、最初に図を描いておきます。ここで△OAPにおいて、PMはPからOAへの中線なので、3点PGMは同一直線上にあります。

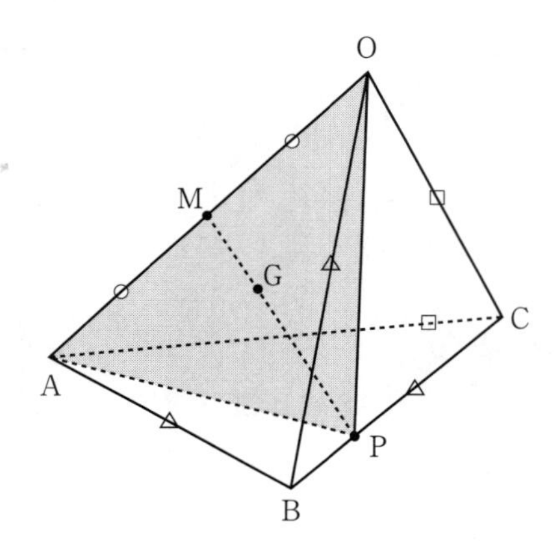

この四面体は、平面BCMに関して対称です。対称な立体を扱う際の「定石」は、「対称な平面で切る」ことです。「定石」どおりに平面BCMで切ります。

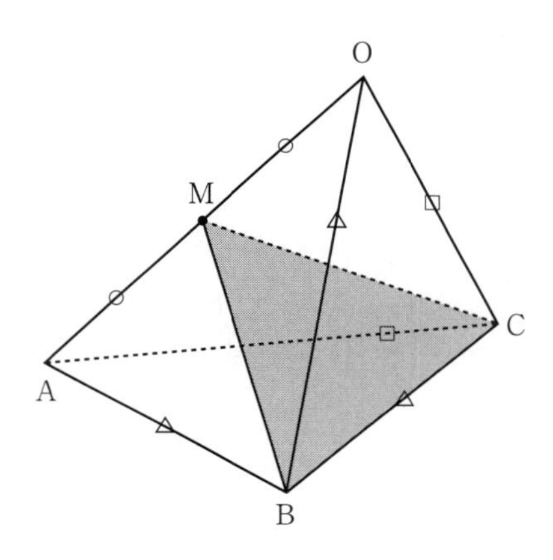

OB = AB なので△ OAB は二等辺三角形ですから、
BM ⊥ OA です。また、OC = AC なので△ OAC も二等辺三角形ですから、CM ⊥ OA です。

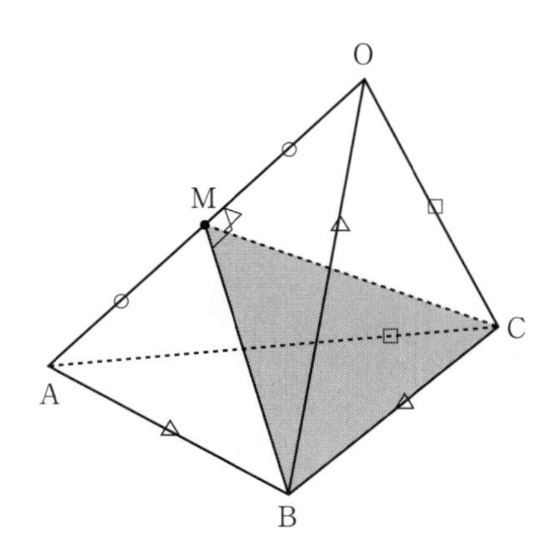

よって、

OA は、BM と CM の両者と垂直

⇔OA は、平面 BCM と垂直

です。PM は平面 BCM 上にありますので、PM ⊥ OA です。そして、3点 P、G、M は同一直線上にありました（PM 上での G の位置はもっと詳しくわかり、G は重心なので線分 PM を 2：1 に内分します）ので、PG ⊥ OA です。

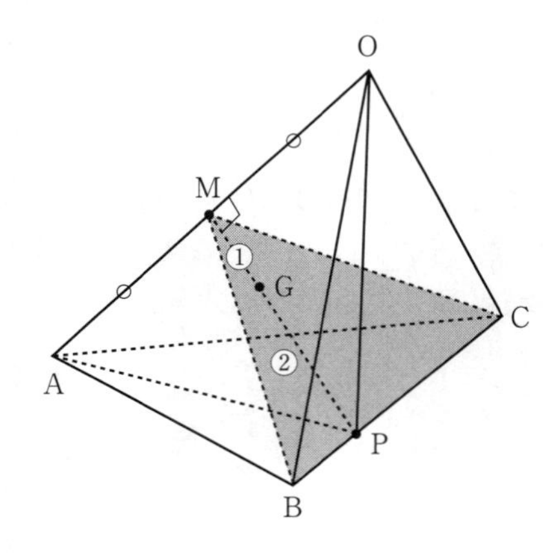

これを、ベクトルの式に直すと、 $\overrightarrow{PG} \perp \overrightarrow{OA}$

⑵重心 G は線分 PM を 2：1 に内分するので、

PG：GM ＝ 2：1 です。P が辺 BC 上を動くとき、△ BCM を取り出すと、P と G は次図のように位置します。ただし、△ ABM と△ OCM において三平方の定理を用いると、BM ＝ $\sqrt{5}$、CM ＝ $2\sqrt{2}$ です。

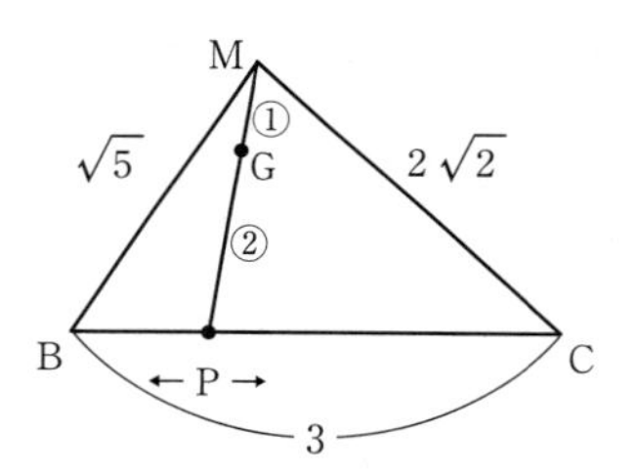

この図から、「PGが最小になる」のは「PMが最小になる」ときだとわかります。そして、

$$\text{PM が最小} \iff \text{PM} \perp \text{BC} \quad \cdots\cdots☆$$

です。よって、次図のように、Mから辺BCに下ろした垂線の足をHとすると、☆より、

PがHと一致するとき、PMが最小

です。

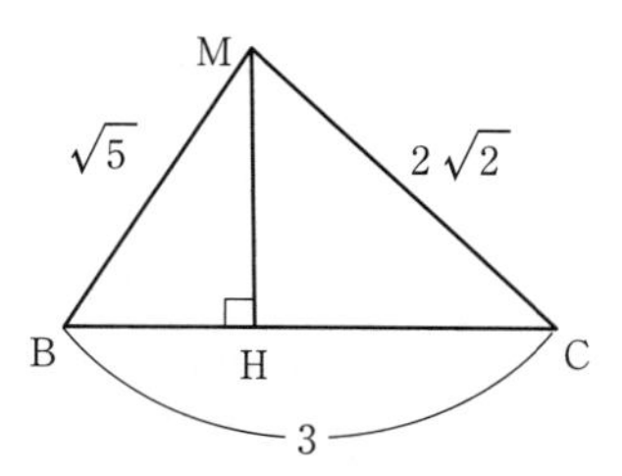

PMの最小値を求めるために、HMを求めます。左側の△BHMにおいて三平方の定理より、

$$\text{HM}^2 + \text{BH}^2 = (\sqrt{5})^2$$

$$\text{HM}^2 = 5 - \text{BH}^2 \quad \cdots\cdots①$$

また、右側の△CHMにおいても三平方の定理より、

$$HM^2 + CH^2 = (2\sqrt{2})^2$$
$$HM^2 + (3 - BH)^2 = (2\sqrt{2})^2 \quad \cdots\cdots②$$

①を②に代入すると、

$$(5 - BH^2) + (9 - 6BH + BH^2) = 8$$
$$-6BH = -6$$
$$BH = 1$$

①より、　$HM^2 = 5 - 1^2 = 5 - 1 = 4$
$HM > 0$なので、 $HM = 2$
このHと、Pが一致するときにPMが最小だったので、このときPGも最小です。Gが重心（中線を2:1に内分する点）であったことを忘れずに考慮すると、求める最小値は、

$$\frac{2}{3}HM = \frac{2}{3} \cdot 2 = \frac{4}{3}$$

問題文にはベクトルが登場していますが、解答2-3-2のように、中学数学に重心の知識を加えれば解くことができました。解答2-3-1では、一度も図を描くことなく解答したように、「ベクトルは図形問題を計算問題にする」ことができます。

しかし、解答2-3-2のように図形的考察をすることには、問題2-2と同様に「問題の本質に迫る」「計算量が激減する」というメリットがあります。

このように、高校数学の道具に頼らずに「中学数学で大学入試問題を解く」ことにより、いっそう多くを学ぶことがで

きます。そして、「問題文にベクトルがあるから単純にベクトルで解く」のではなく、「解法を選択する力」を鍛えることができます。

問題を解くときには、模範解答以外の解答が存在することを意識し、別解を追い求める姿勢が数学力の向上につながります。そして、自分で選んだ解法が模範解答と異なる場合こそが、数学力を向上させるチャンスです。

別解を通して、「体系化された知識」を得ること、そして「複眼的思考」を鍛えることが、実社会で直面する「答えがあるとは限らない」「答えが1つとは限らない」問題を解決することに生きてきます。

それでは、本節の最終問題に臨みましょう。

問題 2-4

2010 京都大学理系前期

xを正の実数とする。座標平面上の3点

$$A(0,\ 1)、B(0,\ 2)、P(x,\ x)$$

をとり、△APBを考える。xの値が変化するとき、∠APBの最大値を求めよ。

解答 2-4

この問題でも、

解答2-4-1　高校理系数学で解く

解答2-4-2　高校文系数学で解く

解答2-4-3　中学数学（の発展的な定理）で解く

という3パターンの解答を紹介します。3つの解答の前に、図を確認しておきましょう。

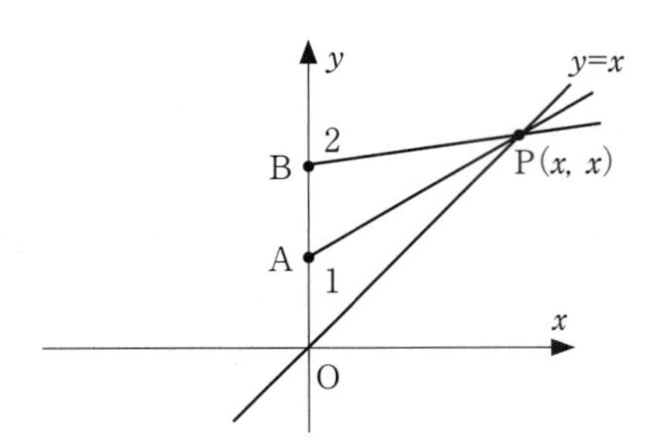

解答 2-4-1 高校理系数学で解く

次図のように、θ、α、β（$-90° < \beta < \alpha < 90°$）とすると、$\theta = \alpha - \beta$です。このとき、$0° < \theta < 180°$です。

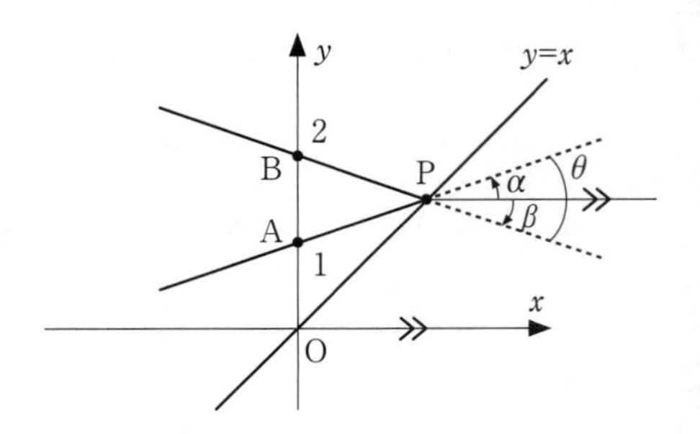

また、

$$\tan\,\alpha = \frac{x-1}{x}、\tan\,\beta = \frac{x-2}{x}$$

なので、

$$\tan\theta = \tan(\alpha - \beta) = \frac{\tan\alpha - \tan\beta}{1 + \tan\alpha\tan\beta}$$

$$= \frac{\dfrac{x-1}{x} - \dfrac{x-2}{x}}{1 + \dfrac{x-1}{x} \cdot \dfrac{x-2}{x}}$$

分母・分子にx^2（>0）をかけると、

$$= \frac{x(x-1) - x(x-2)}{x^2 + (x-1)(x-2)}$$

$$= \frac{x}{2x^2 - 3x + 2} \quad \cdots\cdots☆$$

$f(x) = \dfrac{x}{2x^2 - 3x + 2}$　$(x > 0)$ とおくと、

$$f'(x) = \frac{(2x^2 - 3x + 2) - x(4x - 3)}{(2x^2 - 3x + 2)^2}$$

$$= \frac{-2x^2 + 2}{(2x^2 - 3x + 2)^2} = \frac{-2(x^2 - 1)}{(2x^2 - 3x + 2)^2}$$

$$= \frac{-2(x+1)(x-1)}{(2x^2 - 3x + 2)^2}$$

$x > 0$ において$f'(x) = 0$とすると、$x = 1$

$x > 0$ における$f(x)$ の増減表は次のようになります。

x	0	…	1	…
$f'(x)$		+	0	−
$f(x)$		↗	極大 1	↘

よって、$x > 0$ において、$f(x)$ は $x = 1$ のとき最大となります。$f(x)$ が最大となる $x = 1$ のとき、A (0, 1)、B (0, 2)、P (1, 1) なので、△ABP は∠A = 90° の直角二等辺三角形です。

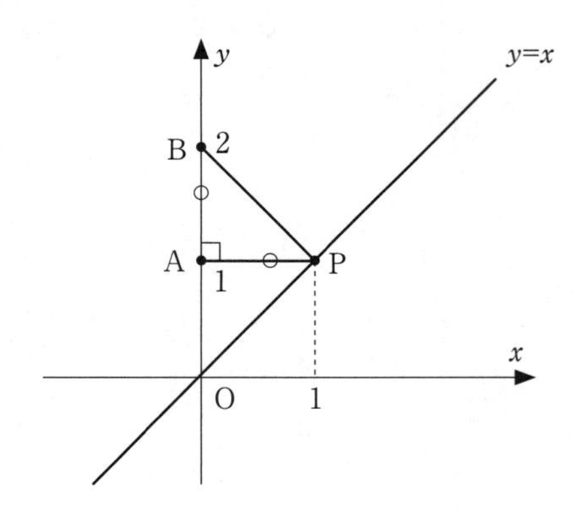

したがって、θ = ∠APB の最大値は、45°

tan（タンジェント）とその加法定理に加えて、高校で理系を選択した生徒が学ぶ、微分法（特に分数関数の微分法）等の知識があれば、このような解答も可能です。

続いて、高校文系数学によるうまい解答をご紹介します。

解答 2-4-2　高校文系数学で解く

解答 2 − 4 − 1 の☆以降の別解です。

$$\tan\ \theta = \frac{x}{2x^2 - 3x + 2} \quad \cdots\cdots☆$$

分母・分子を x（> 0）で割ると、

$$= \frac{1}{2\left(x + \frac{1}{x}\right) - 3}$$

この変形の、最初と最後をまとめると、

$$\tan\ \theta = \frac{1}{2\left(x + \frac{1}{x}\right) - 3} \quad \cdots\cdots①$$

$x > 0$ なので、相加平均と相乗平均の大小関係から、

$$x + \frac{1}{x} \geqq 2\sqrt{x \cdot \frac{1}{x}} = 2\sqrt{1} = 2$$

この等号が成り立つのは、$x = \frac{1}{x}$（かつ $x > 0$）、すなわち、

$x = 1$ のときです。

よって、$x + \frac{1}{x} \geqq 2$ であることがわかりました。

この両辺に 2 をかけると、$2\left(x + \frac{1}{x}\right) \geqq 4$

この両辺から3を引くと、　$2\left(x+\frac{1}{x}\right)-3 \geqq 1$

この両辺の逆数をとると、　$0 < \dfrac{1}{2\left(x+\frac{1}{x}\right)-3} \leqq 1$

①から、　$0 < \tan\,\theta \leqq 1$

$0° < \theta < 180°$だったので、　$0° < \theta \leqq 45°$

よって、$\theta = \angle$ APBの最大値は、 45°

解答2－4－1は、高校で理系に進まないと学習しない内容が必要でしたが、解答2－4－2は文系で学習する範囲に収まっています。しかし、演習量が不十分だとなかなか思い浮かばない「相加平均と相乗平均の大小関係」の適用がカギになっています。

そこで、「相加平均と相乗平均の大小関係」について、理解を深めておきましょう。

a、bの2数があったとき、相加平均とは日常的な（2数を加えて2で割る）平均であり、$\dfrac{a+b}{2}$です。相乗平均は、乗法が関係した平均であり、$a>0$、$b>0$のときの$\sqrt{ab}$です。証明は割愛しますが、これらの間には、「相加平均≧相乗平均」という関係が成り立ち、まとめると次のようになります。

相加平均と相乗平均の大小関係

$a > 0$、$b > 0$ のとき

$$\frac{a+b}{2} \geqq \sqrt{ab}$$

等号が成り立つのは、$a = b$ のときである。

相加平均と相乗平均を学ぶ意義はなんでしょうか？

相加平均は、たとえば、テストの平均点等を求めるときなどにひんぱんに使います。それでは、平均に関する次の問題を考えてみましょう。

Q　ある製品の売り上げが、2 年目には初年度から 2 倍、3 年目にはその 8 倍になった。売り上げは、平均すると 1 年で何倍になったか。

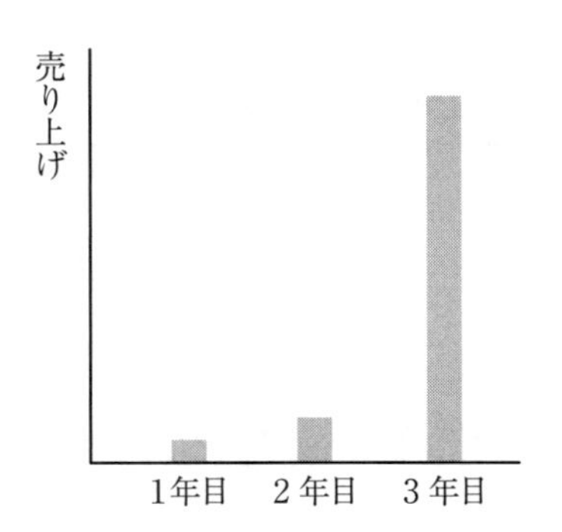

A 2年間で、$2 \cdot 8 = 16$（倍）になりました。相加平均で、$\frac{2+8}{2} = 5$（倍）とすると、2年間で $5 \cdot 5 = 25$（倍）となってしまい、数値が合いません。

そこで、相乗平均の出番です。相乗平均で、$\sqrt{2 \cdot 8} = \sqrt{16} = 4$（倍）とすると、2年間で $4 \cdot 4 = 16$（倍）となり、辻褄（つじつま）が合います。よって、今回の場合は相乗平均が適しており、売り上げは、平均すると1年で4倍になったとわかります。

この例から、「平均といえば相加平均」では不十分であることがわかります。相加平均、相乗平均（さらには「調和平均」）といった「複数の平均を知る（知識の量が増える）」ことにより、「相加平均の理解が深まる（知識の質が上がる）」ことになります。

解答 2-4-3　中学数学（の発展的な定理）で解く

こちらは、中学数学の発展的な定理を2つ組み合わせた解答で、「帰納と演繹」の良い例にもなっています。まずは「仮説」を立てましょう。

Pをよい位置に設定すれば、次図のような「A、Bを通り、直線 $y = x$ に接する円」を描くことができそうです。

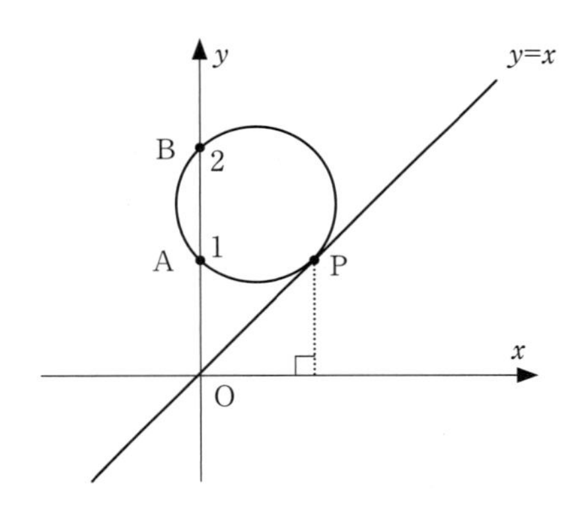

ここで、方べきの定理より、 $OP^2 = OA \cdot OB$

すなわち、 $OP^2 = 1 \cdot 2 = 2$

$OP > 0$ なので、 $OP = \sqrt{2}$

前図から、OP を斜辺とする直角二等辺三角形を取り出します。

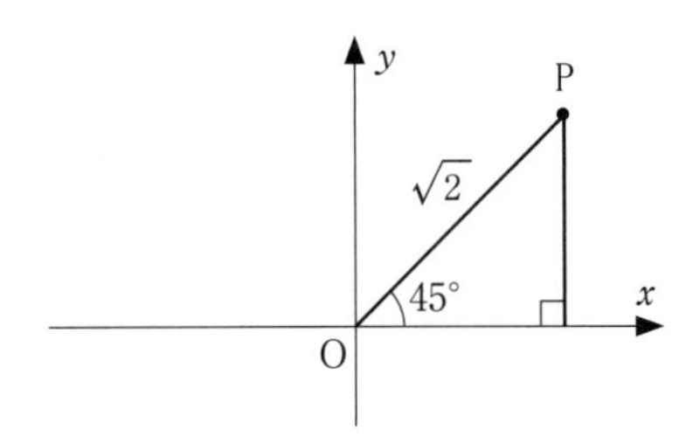

この図から、P の座標は（1, 1）とわかるので、△ABP も直角二等辺三角形です。このとき、 $\angle APB = 45°$

これが最大値であるという「仮説」を示すことができればよさそうですが、このままでは「演繹」としては弱いです。

先ほど「Pをよい位置に設定すれば、(略)『A、Bを通り、直線$y=x$に接する円』を描くことができそうです」と述べましたが、たしかにそうかもしれないものの、根拠に乏しいからです。

そこで、このような円があるという「仮説」を確証する解答です。

$P_0(1,\ 1)$ とすると、

$$OP_0{}^2=(\sqrt{2})^2=2=1\cdot 2=OA\cdot OB$$

よって、方べきの定理の逆より、$\triangle ABP_0$の外接円は、直線$y=x$にP_0で接します(このように論理を展開することで、「演繹」の質が上がります)。

直線$y=x$上のP_0以外の点Pは、この外接円の外部にあり、かつ、直線ABに関してP_0と同じ側にありますので(このような定理に名称はありませんが、円周角の定理の発展版により)、

$$\angle AP_0B>\angle APB$$

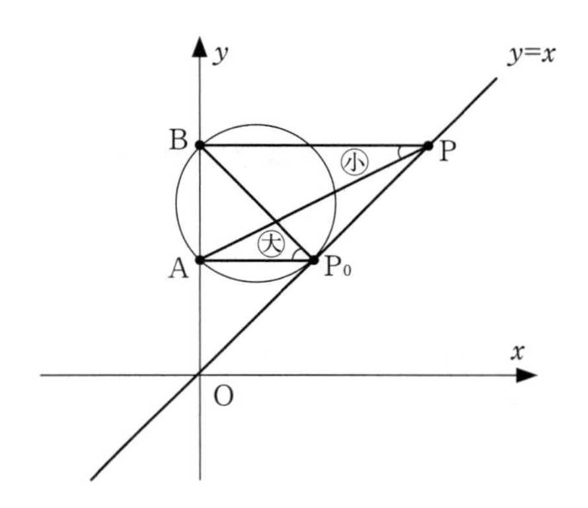

よって、$\angle AP_0B$ が最大の角です。$\triangle ABP_0$ は、次図のような三角形です。

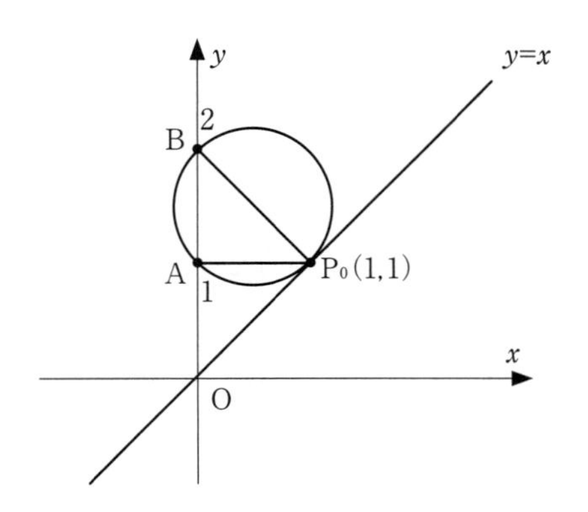

したがって、$\triangle ABP_0$ は $\angle A = 90°$ の直角二等辺三角形ですから、 $\angle AP_0B = 45°$

以上より、$\angle APB$ の最大値は、 $45°$

「方べきの定理の逆」と「円周角の定理の発展版」を利用しましたが、難しい計算が不要な解答に仕上がりました。この例からもわかるように、中学数学で解くことは、「ひらめき」を生み、「数学的な直感」を育てることにつながります。

なお、この問題は「レギオモンタヌスの（角度最大化）問題」の変形バージョンです。もともとの問題は、次図のように直線が斜めではなく真横であり、角度が最大になるxの値を求めるものです。

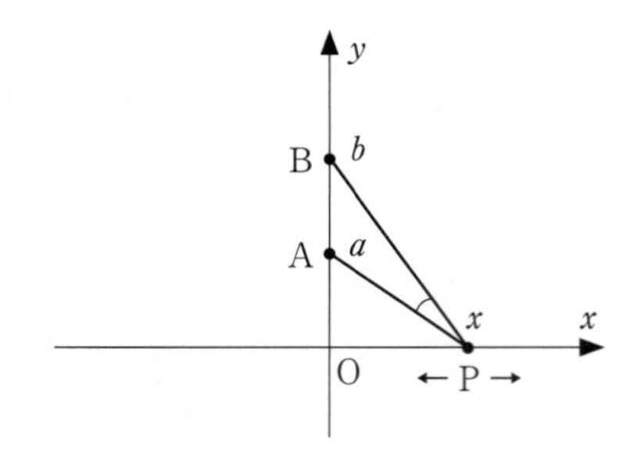

そして、そのxの値は、この問題と同様に考えると
$x = \sqrt{ab}$ です。

ここまでの4問をまとめると、「中学数学で大学入試問題を解くメリット」として、次の4点が挙げられます。

①考え抜く力を鍛える
②問題の本質に迫る
③計算量が激減する
④ひらめきを生む、数学的な直感を育てる

次節では、これらの意義について、あらためて整理します。

2-2 中学数学で大学入試問題を解くメリット

2割が8割を制するという「パレートの法則（80：20の法則）」のように、「2割の知識があれば8割の問題を解く」ことができます。

もちろん、中学数学の知識のみで、実際の試験の制限時間内で一般的な大学入試問題を解くことは簡単ではないでしょう。しかし、知識量や解法の暗記量ではなく、中学数学という「限られた道具」でやりくりして問題を解く力が「ブリコラージュ（Bricolage）」、すなわち、「あり合わせのもので課せられた状況を乗り越えること」につながります。

現在は、「VUCAの時代」であるといわれます。

VUCAとは、「Volatility（変動性）」「Uncertainty（不確実性）」「Complexity（複雑性）」「Ambiguity（曖昧性）」の頭文字からなる造語で、「先行きが不透明で、将来予測が困難な状況」を指す言葉です。

多くの人が漠然とした不安を抱える時代を表現したものですが、「中学数学で大学入試問題を解く＝ブリコラージュ」ですから、本書は、やや大げさにいえば、数学力の向上だけでなく、「予測できない将来をより良く生きる」ことにもつながると考えます。

第2章を締めくくる問題2-5は、ブリコラージュを意識した解答を用意した問題です。

問題 2-5

2011 京都大学理系前期

空間内に四面体 ABCD を考える。このとき、4 つの頂点 A、B、C、D を同時に通る球面が存在することを示せ。

解答 2-5

「4 つの頂点 A、B、C、D を同時に通る球面が存在する」は、「4 つの頂点から等距離にある点が存在する」と読み替えることができます。最初から「4 点」を考えて解き始めるのは難しいと判断して、「4 点の問題」を、「3 点の問題と 2 点の問題」に『分解』することで解決を目指します。

「3 点 A、B、C」から等距離にある点は、60 ページで登場した三角形の外心の知識を発展させると、「△ ABC の外心を通り、平面 ABC に垂直な直線 l 上にある」ことがわかります。

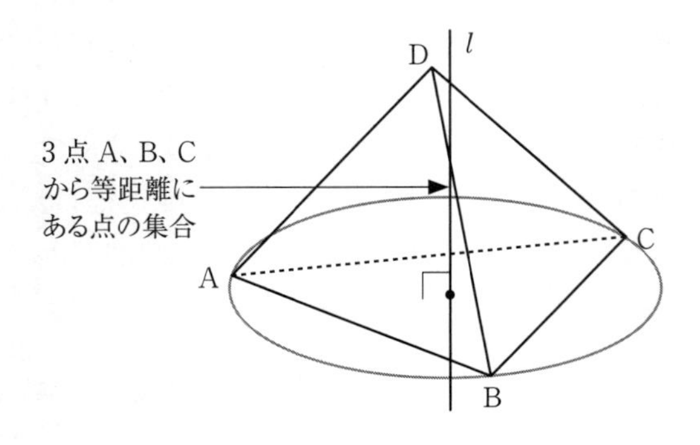

さらに、残る点Ｄを含む「２点Ａ、Ｄ」から等距離にある点は、線分の垂直二等分線の知識を発展させることで、「線分ADの中点を通り、直線ADに垂直な平面α（アルファ）上にある」ことがわかります（数学的にはまだ考慮すべき点がありますが、この後すぐに説明します）。

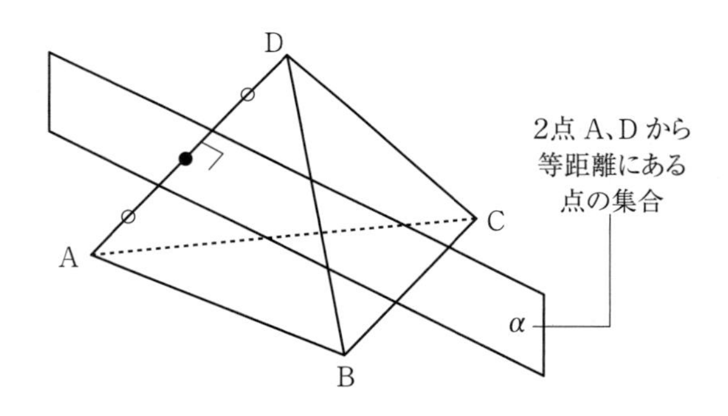

続いて、「３点の問題と２点の問題」を「４点の問題」に『統合』します。直線lと平面αの交点Ｏは、４点Ａ、Ｂ、Ｃ、Ｄから等距離にあります。よって、「中心がＯ、半径がOAの球面」が４つの頂点Ａ、Ｂ、Ｃ、Ｄを同時に通る球面です。

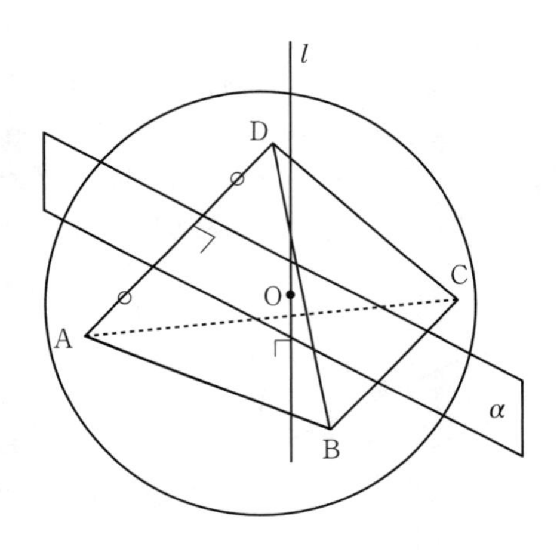

これでほぼ証明完了ですが、「直線lと平面αの交点が必ず存在するのか」という、先ほど述べた「数学的にはまだ考慮すべき点」が残っています。もし、直線lと平面αが平行なときがあれば、次図のように交点は存在しません。

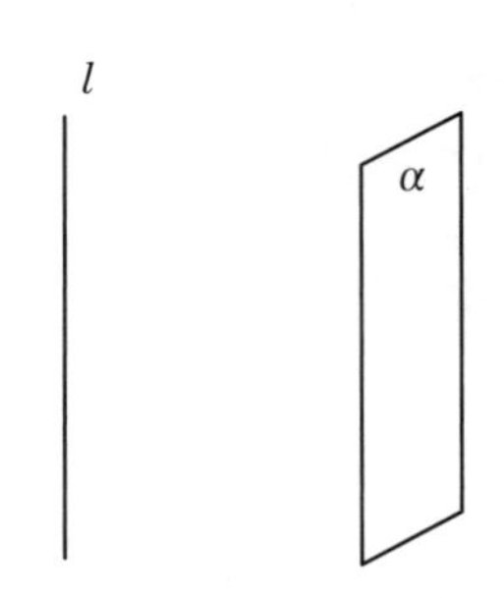

このことから、直線lと平面αが平行でないことを示す必要があります。このような証明の際に有効なのが「背理法」

です。以下でいう命題とは、真偽が明確に決まる文や式のことです。

背理法 命題が成り立たないと仮定すると矛盾が導かれることを示し、そのことによってもとの命題が成り立つと結論する証明方法

背理法によって、「直線 l と平面 α が平行でない」ことを、「直線 l と平面 α が平行であると仮定して『矛盾』を導く」ことで証明します。

直線 l と平面 α（線分 AD の中点を通り、直線 AD に垂直な平面）が平行であると仮定します。

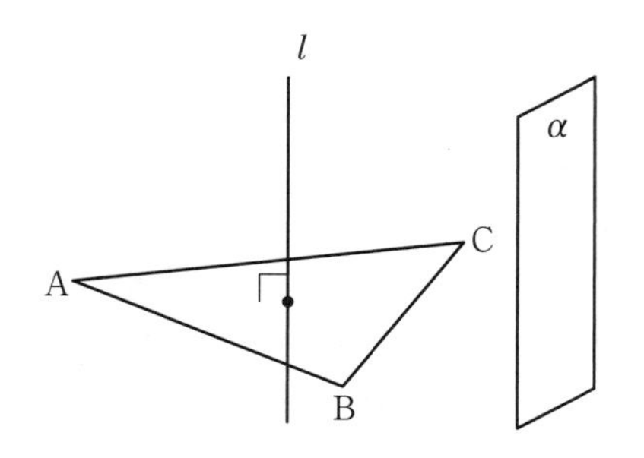

このとき、点 D はどこにあるでしょうか。

点 D は、平面 α（2 点 A、D の中点を通り、直線 AD に垂直な平面）に関して、点 A と対称な点になるので、次図のように、平面 ABC 上にあることになります。

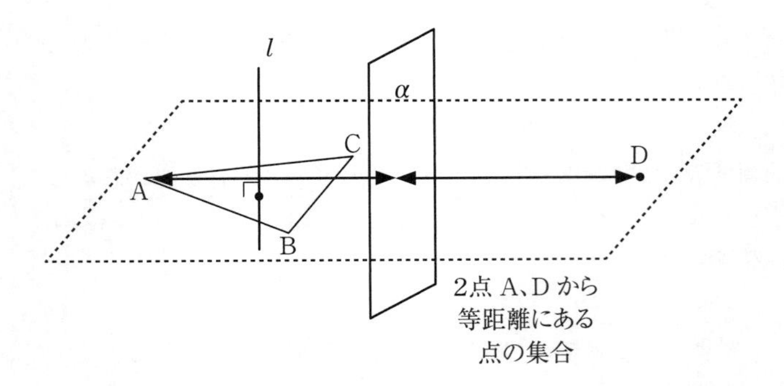

これでは4点A、B、C、Dからなる四面体がつぶれてしまい、四面体をなさないので、問題文の「空間内に四面体ABCDを考える」に矛盾します。よって、直線 l と平面 α が平行であると仮定すると『矛盾』が導かれましたので、直線 l と平面 α が平行でない、と証明できます。

したがって、直線 l と平面 α の交点が必ず存在することになり、その交点Oが、先ほどの解答のように存在を示す球の中心になります。

この解答のポイントは、「4点の問題」を「3点の問題と2点の問題」に『分解』することでした。デカルトは「困難は分割せよ」といったそうですが、『分解』と『統合』が、数学の問題を解くためのキーポイントになります。「分解」と「統合」は、中学数学においてもひんぱんに使われています。たとえば、2次方程式 $x^2-3x+2=0$ を解くときです。

$$(x-1)(x-2)=0$$
$$x=1、2$$

この方程式は無意識に解くことができるかと思いますが、その“行間”を埋めてみましょう。

２次方程式 $x^2-3x+2=0$ の左辺を因数分解して、

$$(x-1)(x-2)=0$$

①

積が０になるので、$x-1=0$、または、$x-2=0$

②

よって、$x=1$、2

上記からわかるように、この計算の過程では２次方程式を、①２つの１次方程式に「分解」し、②それらを「統合」しています。「２次方程式」を「１次方程式の組み合わせ」にすることは、「既知の知識（基礎）」に分解し、それらを統合する（組み合わせる）ということです。

数学の問題を解くにあたっては、この『分割→統合』という流れを「問題文を読む」→「問題を解決する過程」→「解答を読む」といった「数学を学ぶすべての時間」に意識するようにしましょう。このような、「分解」「統合」する力が、VUCAの時代にブリコラージュする力につながっていくのです。

ここであらためて、「中学数学で大学入試問題を解くメリット」をまとめておきます。

中学数学で解くことにより、知識の量は制約されるので、49ページで示した図において、知識と思考の境界線が、ずっと左にずれることになります。

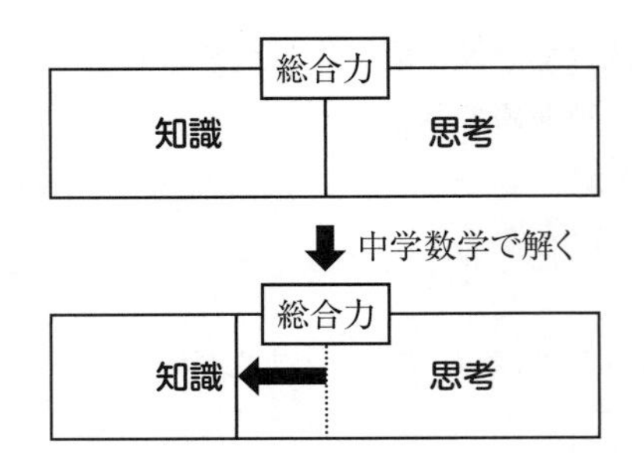

同じだけの「総合力」が要求される大学入試問題を少ない知識で解くわけですから、「思考の重要性が大幅に増える」ことになります。本書で思考を磨いた後で、中学数学を見直し、高校数学に進む（学習ずみの方は見直す）ことで、数学力が飛躍的に伸びること間違いありません。

また、中学数学に限れば、「エレガントな解法」か「力まかせの解法」かの、両極端の解法に偏ることが多くなります。その偏りにより、

エレガントな解法を求めること　→　ひらめき

力まかせの解法で解き切ること　→　粘り強さ、計算力

のトレーニングになります（力まかせの解法は、エレガントと響きが似た力強い動物であるゾウをイメージして、「エレファントな解法」とよぶこともあります）。

続く第2部は、中学数学＋αでの解答が標準的な「中学数学の大学入試問題」を扱います！　第3章、第4章では、総合力を次図のように細分化し、大学入試問題を通して解説します。

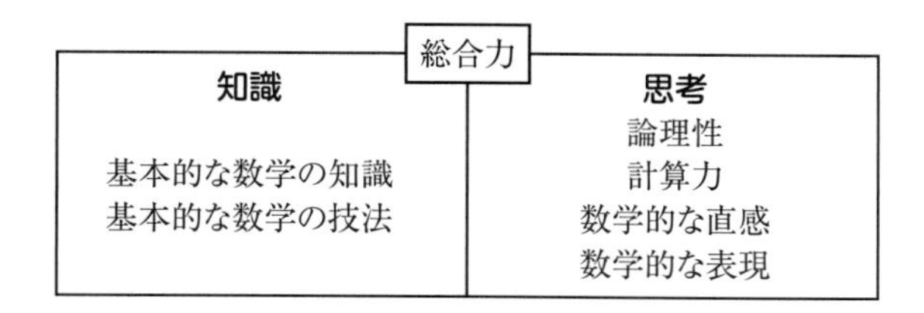

第 5 章では、総合力を問う大学入試問題を 12 問解き、「思考＝知識の活用（ブリコラージュ）」のレベルを向上させましょう。

これは芸術分野に関する実験結果ですが、ある一定の時間内に「量を評価するといわれたグループ」と「質を評価するといわれたグループ」があった場合に、どちらのグループから、より質の高い作品が生まれたか、わかるでしょうか？

答えは、「量」を評価するといわれたグループです。「質を求めて手を動かす量が少ない」よりも、「とにかく手を動かしてみる」ことの重要性が示唆されるデータです。もちろん、やみくもに解けばよいというわけではありませんが、「量は質に転化する」は、芸術に限らず、数学をはじめとする他の分野にも共通する真実だと思います。

第 3 章以降も、「全力」で「15 分以上」考え続けながら読み進めていただいて、「中学数学の大学入試問題」におけるブリコラージュを通して、数学力を「しんか」させてください。

中学数学の

大学入試問題

第3章 大学入試問題が求める「数学の知識」

3-1 大学入試問題の「出題意図」とは

東京大学理科の入試数学では、150分間で6問が出題されます。他の大学でも4〜6問を120〜180分で課されることが多いので、1問あたり20〜30分で解答することが、大学入試問題で求められる一つの基準と考えられます。

出題者（大学の先生たち）は、その4〜6問で、可能なかぎり高校数学で扱う範囲全体におよぶ学力を評価すべく、作問・出題しています。わずか4〜6問で「高校数学で扱う範囲全体におよぶ学力を評価できる問題」とは、どのようなものでしょうか？

「融合問題」とよばれる、いくつかの分野を組み合わせた問題が多く出題されます。限られた問題数で、少しでも多くの分野にまたがる学力を問いたいという出題者の意図が推察されます。

そのような事情があるなかで、高校数学の知識を必要としない、「中学数学＋α」での解答が標準的な問題である「中学数学の大学入試問題」をわざわざ出題する理由はなんでしょうか？

その答えを探るために、令和元年（2019年）度から多くの大学で公表されるようになった「出題意図」を参考にしてみましょう。本書では、東京大学と京都大学の出題意図を取り上げます。

まず、令和 6 年（2024 年）度の東京大学の出題意図です。

〈数学は自然科学の基底的分野として、自然科学に留まらず人間文化の様々な領域で活用される学問であり、科学技術だけでなく社会現象を表現し予測などを行なうために必須です。そのため、本学を受験しようとする皆さんには、高等学校学習指導要領に基づく基本的な数学の知識と技法について習得しておくことはもちろんのこと、将来、数学を十分に活用できる能力を身につけるために、以下に掲げる総合的な数学力を養うための学習を心掛けて欲しいと考えています。

1）数学的に思考する力
問題の本質を数学的な考え方で把握・整理し、それらを数学の概念を用いて定式化する力

2）数学的に表現する力
自分の考えた道筋を他者が明確に理解できるよう、解答に至る道筋を論理的かつ簡潔に表現する力

3）総合的な数学力
数学を用いて様々な課題を解決するために、数学を自在に活用できると同時に、幅広い分野の知識・技術を統合して総合的に問題を捉える力

これらの能力の習得度を判定することを意図して「数学」の問題は出題されます。〉

東京大学では、「基本的な数学の知識と技法」に加え、「思考力」「表現力」「総合力」を問う問題を出していることがわかります。

続いて、令和5年（2023年）度の京都大学の全体的な出題意図を確認してみましょう。

〈京都大学の個別学力検査「数学（理系）」では、論理性、計算力、数学的な直感、数学的な表現といった数学に関する多様な基礎学力を総合的に評価することを念頭において出題しています。このため論証問題はもちろんのこと、値を求める「求値問題」でも答えに至る論理的な道筋も計れるように出題しています。また証明や論理的な道筋の説明については、必要条件や十分条件に配慮した適切な表現で解答されているかどうかを見るように、出題の形式や問い方を工夫しています。〉

京都大学では、「数学に関する多様な基礎学力」を総合的に評価できるように出題していることがわかります。

これら2大学のように、各大学は、それぞれの意図をもって入試問題を作問・出題しています。

ここであらためて、先ほどの問いについて考えてみましょう。高校数学の知識を必要としない「中学数学の大学入試問題」をわざわざ出題する理由はなんでしょうか？

その答えの前に、もう1問、追加の質問です。京都大学の全体的な出題意図の中で、「知識」という単語（またはそれに類する単語）は、何回用いられていたでしょうか？

一度も用いられていません（数学に関する多様な基礎学力

の中に、知識が暗に含まれているとは思いますが)。つまり、知識以外の部分を問うために、すべての高校生が習得している（であろう）中学数学の問題を出題することで、東京大学の出題意図にあった「思考力」と「表現力」を中心に計ろうとしているわけです。

次節以降、第 4 章までを使って、具体的な大学入試問題を通して、その問題を解く過程で求められる力を詳しく見ていきます。その際、「大学入試問題を解く過程で求められる力」として、本書では次の 6 つに分けて考察します。

まず、東京大学の出題意図の 2 文目にあった、

①「基本的な数学の知識」

②「基本的な数学の技法」

さらに、同意図中の「1）数学的に思考する力」、「2）数学的に表現する力」からなる『数学的思考力』を、京都大学の出題意図の 1 文目のように分解して、

③「論理性」

④「計算力」

⑤「数学的な直感」

⑥「数学的な表現」

とし、それぞれに一節ずつを割り当てて確認していきます。

そして第 5 章では、その仕上げとして「数学に関する多様な基礎学力」からなる「総合力（総合的な数学力)」を求める問題で演習します。

もちろん、あるレベル以上の難易度になれば、どのような問題でも「総合力」が要求されます。そこで本書では、各節で取り上げる内容が特に必要となり、かつその理解に適した問題を取り上げ、問題を解く過程でそれぞれを説明します。

これ以降の問題では単に解くだけではなく、なぜこの問題が選ばれているのか、なぜこの順序で配列されているのか、各節で取り上げる6つの数学力とはどのようなものか、について考えながら解いてください。

3-2 基本的な数学の知識

基本＝簡単ではありません。

「基本＝各分野の基となり、本質となるもの」です。そのため、「基本的な数学の知識」を問う問題とは、バラバラな断片の集まりとしての知識ではなく、「定義から積み上げた知識」であるかを問う問題です。

「はじめに」で取り上げた円周率の問題を解くには高校数学の知識が必要なので、それを改題した問題を題材として、説明を始めます。

問題 3-1 **2003 東京大学理科前期**（改）

円周率が3より大きいことを証明せよ。

解答 3-1 円周率の「定義」はなんですか？

あらためて何を聞くんだと思われそうですが、「定義」の知識がなければ「円周率は3.14だから3より大きい」と答えることになってしまいます。さらに「なぜ円周率は3.14なのですか？」と問われると、「円周率は3.14と習ったから」……と、堂々めぐりになります。

円周率とは、「円周が直径の何倍かを示す数値」です。円周率をπとすると、半径が1の円は直径が2なので、その円周は、直径×πの「2π」となります。

また、円周率の定義と同時に、円周率の近似値をアルキメデスがどのように求めたのかを知っていると、方針が立てやすくなります。アルキメデスは、円周が、

①円の内部にピッタリと収まる正多角形の周の長さ

②円を内部にピッタリと収める正多角形の周の長さ

の間にあることを用いて求めました。その多角形が「円に近い図形」になるにつれて、正確な値に近づいていきます。次図は、正五角形の場合のものです。

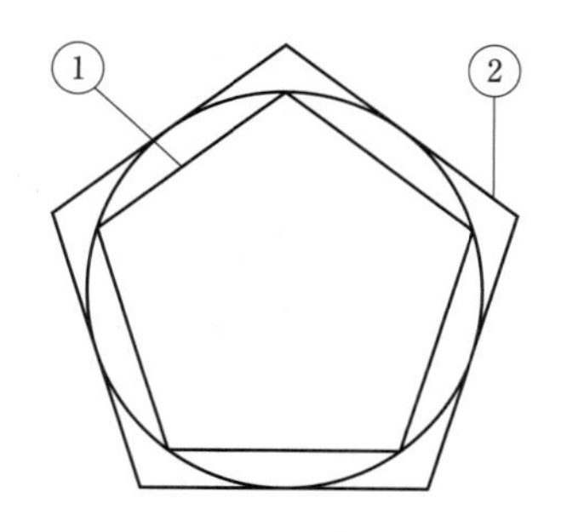

問題３－１では、円周率πが３より大きいことを証明したいので、①を考えて、

円周 ＞ 円の内部に収まる正多角形の周の長さ

と評価します。それでは、円の内部に正何角形を収めればいいでしょうか？

まず、半径１の円に、最も簡単な正多角形である正三角形を収めることから始めましょう。

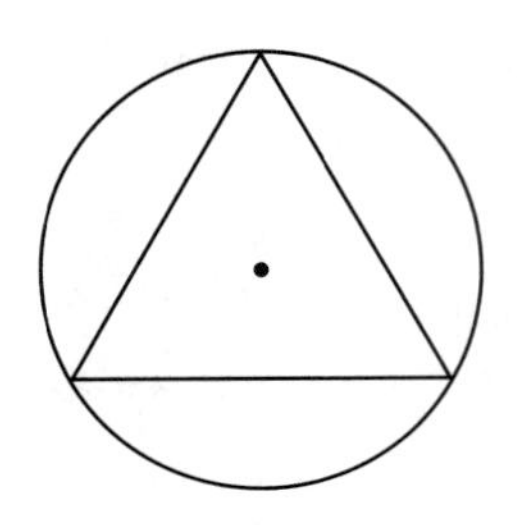

次図でアミをかけた直角三角形を取り出します。

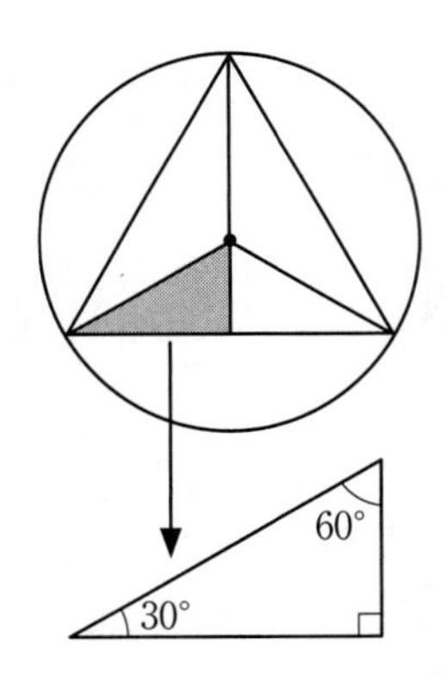

この直角三角形の3辺の長さはそれぞれいくつですか？

内角が30°、60°、90°の直角三角形の3辺の長さの比は、$1:2:\sqrt{3}$ です。今回の直角三角形は、斜辺が円の半径なので、その長さは1で、他の2辺の長さは、次図のようになります。

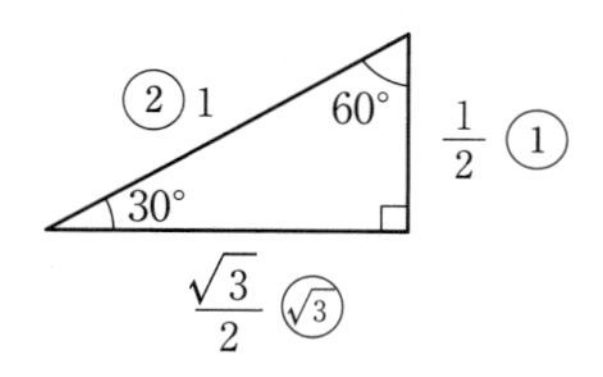

よって、もとの正三角形の周の長さは、次図から $3\sqrt{3}$ とわかります。

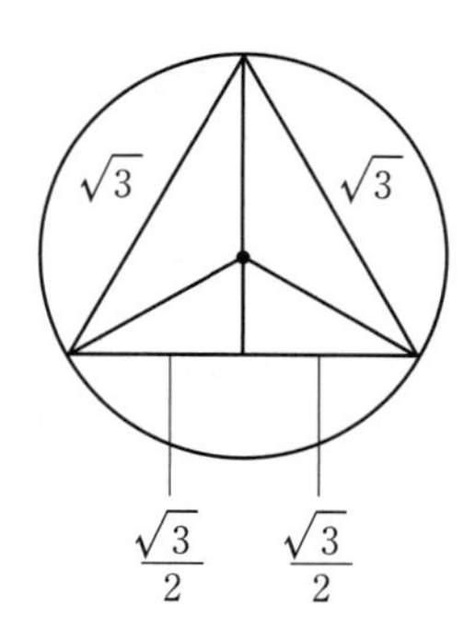

円周＞正三角形の周の長さなので、 $2\pi > 3\sqrt{3}$
不等式の両辺を 2（＞0）で割っても、不等号の向きは変わらないので（不等式の基本的な知識については、121 ページで取り上げます)、

$$\pi > \frac{3\sqrt{3}}{2}$$

$\sqrt{3} = 1.732\cdots > 1.7$ なので、

$$\pi > \frac{3\sqrt{3}}{2} > \frac{3}{2} \cdot 1.7 = 2.55$$

これで、円周率が 2.55 より大きいことがわかりました。

しかし、これでは「円周率が 3 より大きい」と結論づけることはできません。そこで、3 より大きくなるまで、正三角形から正方形、正五角形、正六角形……と順に収め、円に近づけていきます！

早速、正方形を収めてみましょう。

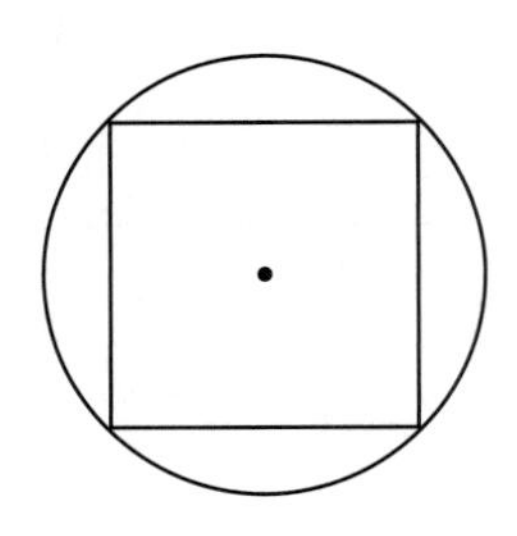

次図でアミをかけた直角三角形を取り出します。円の半径が 1 だったので、その 3 辺の長さは次のようになります。

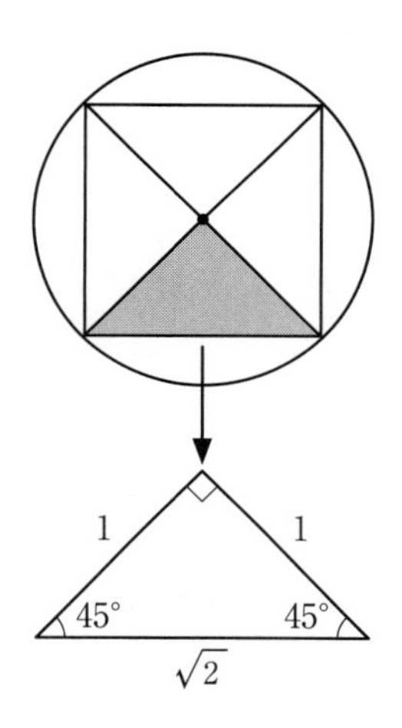

よって、この正方形の周の長さは、$\sqrt{2}$ を４倍して $4\sqrt{2}$ です。円周>正方形の周の長さなので、

$$2\pi > 4\sqrt{2}$$
$$\pi > 2\sqrt{2}$$

$\sqrt{2} = 1.414\cdots > 1.4$ なので、

$$\pi > 2\sqrt{2} > 2 \cdot 1.4 = 2.8$$

答えは2.8と、またしても円周率が３より大きいとは結論づけられませんでした……。

気を取り直して、正五角形を収めてみます。

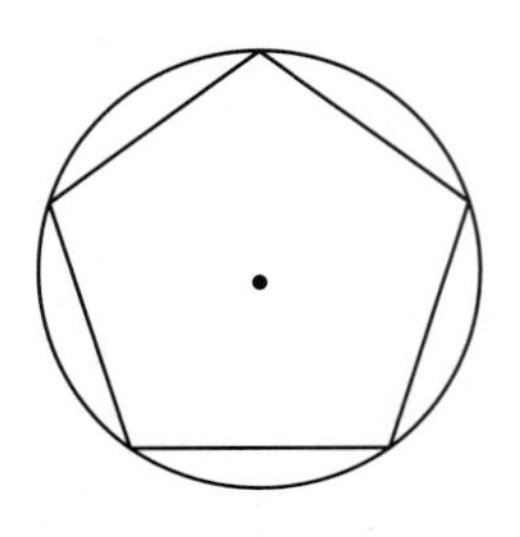

次図でアミをかけた三角形を取り出します。

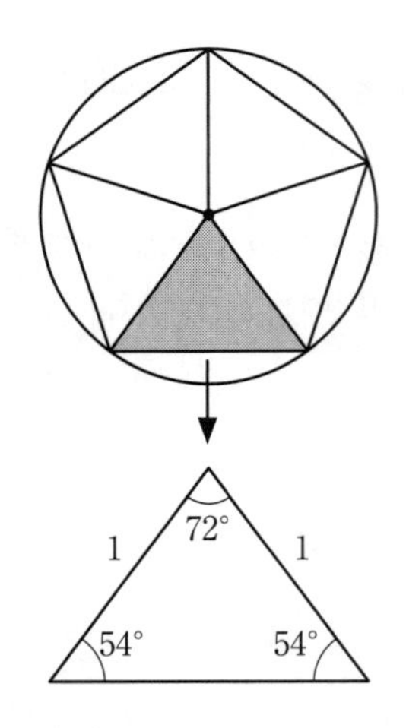

円の半径が1なので、円の中心を挟む2辺の長さは1だとすぐにわかります。しかし、この三角形の残る1辺の長さは、（中学数学の教科書の範囲では）求めることができません。仕方がないので、正六角形を収めます。

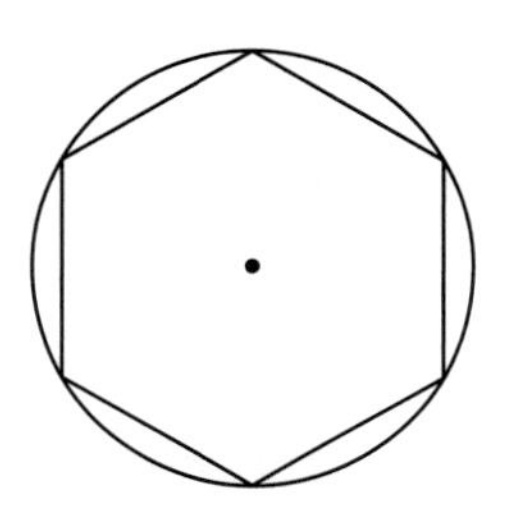

次図でアミをかけた三角形は、頂角が60°の二等辺三角形なので、正三角形だとわかります。

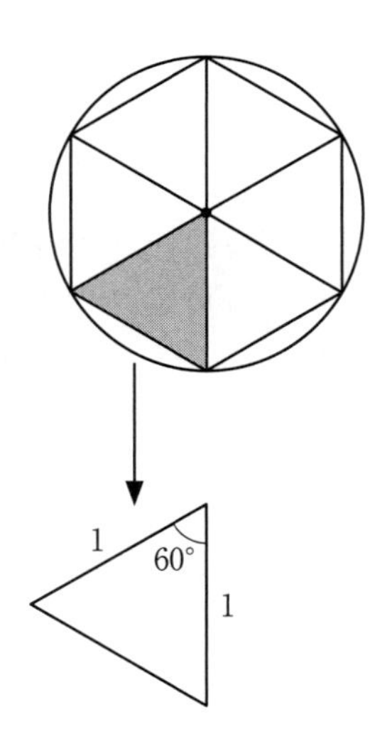

ということは、残る１辺の長さも１です。よって、円周＞正六角形の周の長さなので、

$$2\pi > 6$$

$$\pi > 3$$

これで、「円周率が3より大きい」ことを証明することができました！

ちなみに、アルキメデスは紀元前3世紀に、円に内接および外接する（正六角形→正十二角形→正二十四角形→正四十八角形→）正九十六角形を考えることで、円周率を $\frac{223}{71} < \pi < \frac{22}{7}$、小数では $3.14084 < \pi < 3.14286$ まで求めていたそうです。

「はじめに」でも触れたように、この問題には東京大学からのメッセージが込められています。円周率を3と教えることは、計算力の低下を招くと同時に、「円は正六角形である」と教えることになりますが、それでいいですか？　という問いかけが、数学界を越えて社会全体に投げかけられたのです（原題では、さらなる基本的な数学の知識を問うために、「円周率が3.05より大きいことを証明せよ」となっていました）。「基本的な数学の知識」を問う問題で求められる知識とは、「定義から積み上げられた知識」であることがひしひしと感じられる問題だったと思います。公式を覚え、それを的確にあてはめることが数学ではありません。知識が線から面へと広がるなかでつながり、そこにストーリーがあることが大切です。

問題３－２に先立って、読者のみなさんの年代によっては、中学校で不等式を十分に学習していない方もおられますので、その性質についてここで簡単に説明しておきます。

２数a、bにおいて、$a < b$という関係があるとします。その２数にcを加えると、大小関係は変化しないので、

$$a + c < b + c$$

その２数からcを引いても、大小関係は変化しないので、

$$a - c < b - c$$

その２数に正の数cをかけても大小関係は変化しないので、

$$ac < bc$$

正の数cで割るということは、その逆数である正の数$\frac{1}{c}$をかけるということなので、正の数での割り算も、かけ算と同様になります。

しかし、$1 < 3$の両辺に-2をかけると、

$$\begin{array}{c} 1 < 3 \\ \downarrow \times (-2) \\ -2 > -6 \end{array}$$

となって、大小関係が変わります。負の数cをかけたとき、あるいは負の数cで割ったときには不等号の向きが変わります。

$$ac > bc$$

ここまでをまとめると、次のようになります。

不等式の性質

$a<b$ のとき

① $a \pm c < b \pm c$

② $c>0$ のとき $ac<bc$、$\frac{a}{c}<\frac{b}{c}$

③ $c<0$ のとき $ac>bc$、$\frac{a}{c}>\frac{b}{c}$

それでは、不等式に関する「基本的な数学の知識」の質を問う問題を解いてみましょう。

問題 3-2

1968 京都大学文理共通（小問を４問カット）

次の命題について、正しければ証明し、正しくなければ理由を示せ。

２実数 a、b について、$a=b$ ならば、$a \leqq b$ である。

解答 3-2

「２実数 a、b について、$a=b$ ならば、$a \leqq b$ である」の、$a \leqq b$ とは、どういうことでしょうか？

$a<b$ **または** $a=b$ ということです。簡単な日本語でいうと、$a \leqq b$ とは「a が b より小さい、または a と b が等しい」ということです。$a \leqq b$ についての理解を確認したところで、あらためて問題の命題を言い換えると、

２実数 a、b について、$a=b$ ならば、$a \leqq b$ である。

$\Longleftrightarrow$ ２実数 a、b について、

「$a=b$」ならば、「$a<b$ または $a=b$」である。

これを簡単な日本語に言い換えると、2実数a、bについて、「aとbが等しい」ならば、「aがbより小さい、または、aとbが等しい」となります。この「または」がポイントです。「等しい」ならば「小さいか、等しい」のは当然なので、この命題はもちろん正しいです。

それでは、ここまでの話を数学の解答らしくまとめ直します。

$a \leqq b$は、$a = b$または$a < b$ということです。よって、$a = b$ならば、$a \leqq b$です。

それでは、わざわざこのように表記することは少ないと思いますが、「$1 \leqq 1$」は正しいでしょうか？

$1 \leqq 1$は、問題3－2において$a = 1$、$b = 1$としたものなので、もちろん正しいです（「1」は、「1より小さい、または、1と等しい」ですか？　と聞かれたと考えてください）。

あえてこの質問をしたのは、不等号（＜、＞、≦、≧）の意味をあいまいにではなく、詳細で正確に理解することの重要性を強調するためでした。数学を学ぶときは、つねに「質の高い知識」を心がけましょう。

本節の最後に、面積を求める問題を1問解いておきましょう。

問題 3-3 **1962 東京大学文科 2 次**

半径 a の円周を 6 等分する点のそれぞれを中心として、半径 a の円をえがくとき、これら 6 個の円のおおう範囲（図の太線で囲まれた範囲）の面積を求めよ。

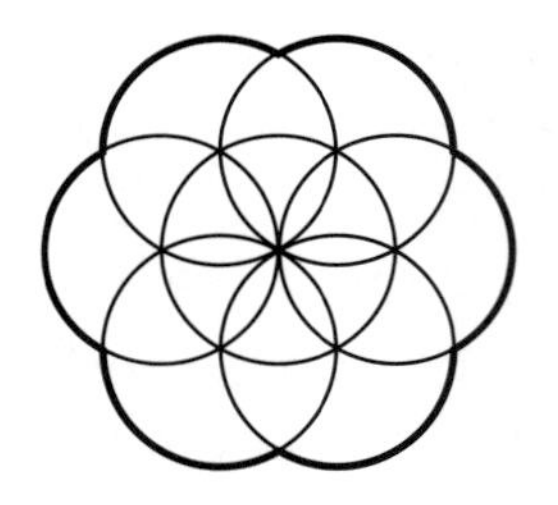

解答 3-3 もともと問題に図が含まれていますが、自分の手で一度描いてみることが大切です。実際に描いてみることで、さまざまな気づきを得られるからです。ぜひ図を描いてみて、あらためて解いて（読み進めて）ください。

デコボコした複雑な範囲の面積を、どのように求めればいいでしょうか？

この問題では、自分で図を描く過程で、問題 3－1 で利用した次図に思いいたることができると、解法が思い浮かぶきっかけになると思います。

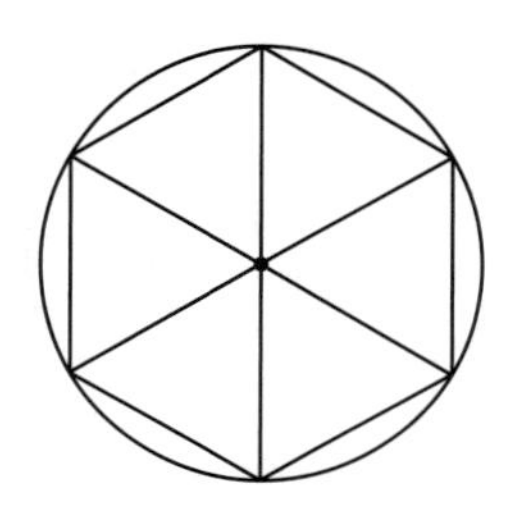

正六角形は、正三角形が６枚集まってできているので、簡単に面積を求めることができます。大学入試は出題領域が膨大であるとはいえ、範囲が定まっていますので、いわば「連想ゲーム」です。そのため、解いた経験のある問題から「類似問題に利用可能な知識」を得ること（アナロジー）が大切です。

この問題の場合は、問題文中の「半径 a の円周を６等分する点のそれぞれを中心として、半径 a の円をえがく」に注目して図を描くと、次図のようになります。

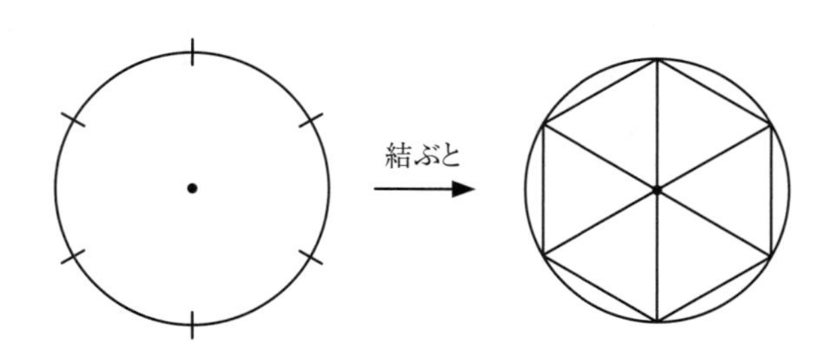

問題３‐１をあらためて意識すると、この正六角形の面積は、６個の正三角形に分割することで求められます。すなわち、次図のアミかけ部分の面積は求めることができます。

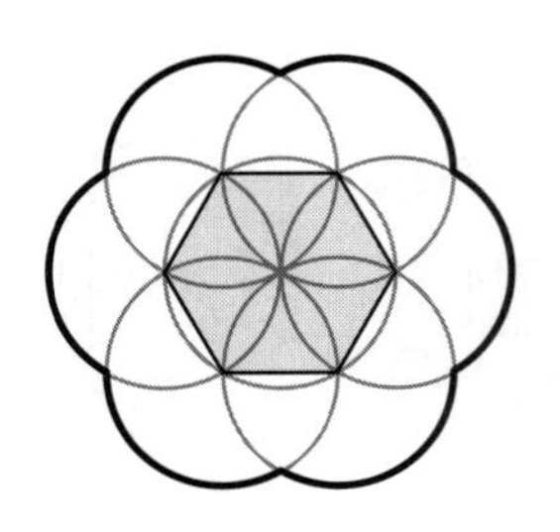

それでは、残りの部分も考慮に入れて、おおう範囲（太線で囲まれた範囲）の面積をどのように求めればいいでしょうか？

変わった形をしていますので、面積を求めることができる「三角形と扇形」を組み合わせて求めます。

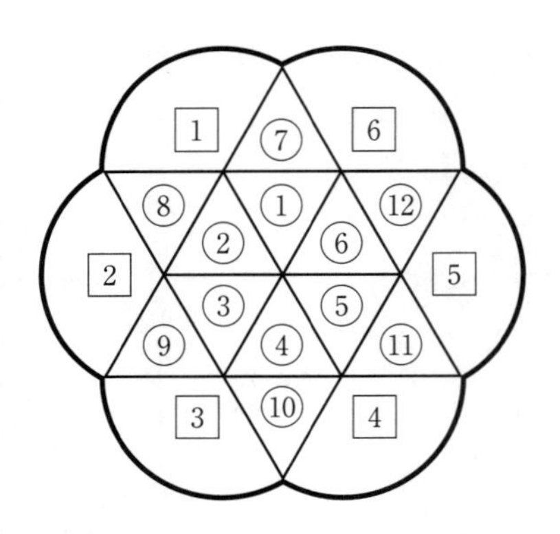

よって、「1辺の長さがaの正三角形が12個」「半径がa、中心角が120°の扇形が6個」からなる図形なので、その面積は、

1辺の長さがaの正三角形12個
＋半径がa、中心角が120°の扇形6個

$$= \frac{1}{2}a \cdot \frac{\sqrt{3}}{2}a \times 12 + \pi a^2 \cdot \frac{120}{360} \times 6$$

$$= 3\sqrt{3}a^2 + 2\pi a^2$$

$$= (3\sqrt{3} + 2\pi)a^2$$

正六角形の面積がすぐに求められることをスタート地点として考えることで、面積を求めることができました（もちろん、最初にとった解法では解けないこともありますから、「その解法にいつ見切りをつけるか」の線引きが難しいと思います）。

大学入試において求められる「基本的な数学の知識」は、
①定義から積み上げられた知識
②活用することができる生きた知識
（①②：体系化された知識）
③動的にしんか（進化、深化、新化、真化）し続ける知識
であることがポイントです。そしてこれらは、互いに独立してはいません。次図のようなサイクルで、問題を解く（本書を読み進める）たびに、知識をしんかさせ続けてください。

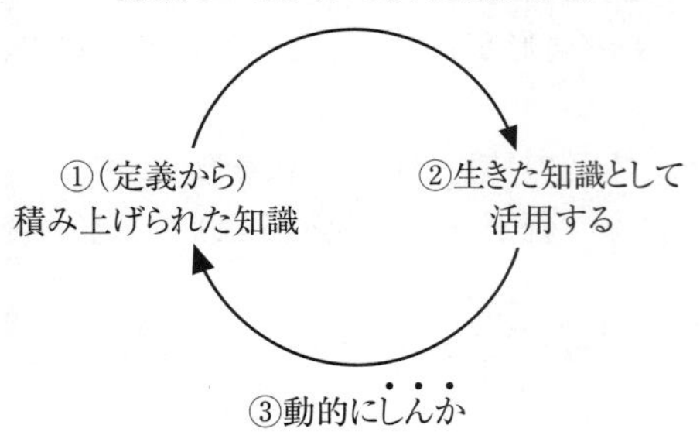

閑話重大　知識のレベル

「知識がある」といっても、さまざまなレベルがあります。私は、次のように4分類しています。

①丸暗記
②利用
③活用（応用・発展）
④総合

これらは明確に分類できるわけではありませんが、平行四辺形の面積に関する問題を例に、レベル分けしてみましょう。

①丸暗記

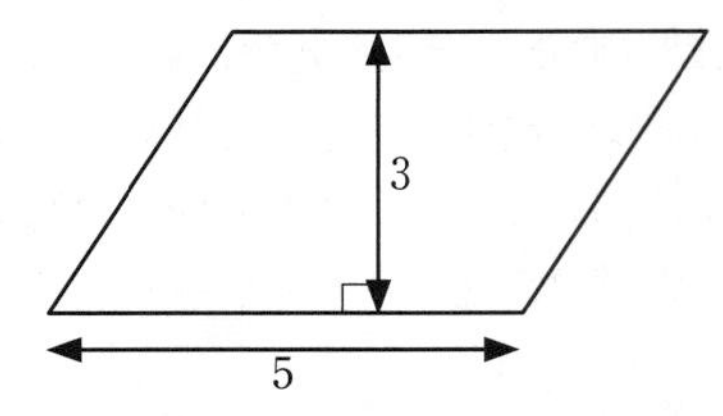

この平行四辺形の面積を、5・3 = 15と求めることができるのが、「①丸暗記」レベルの知識です。

②利用

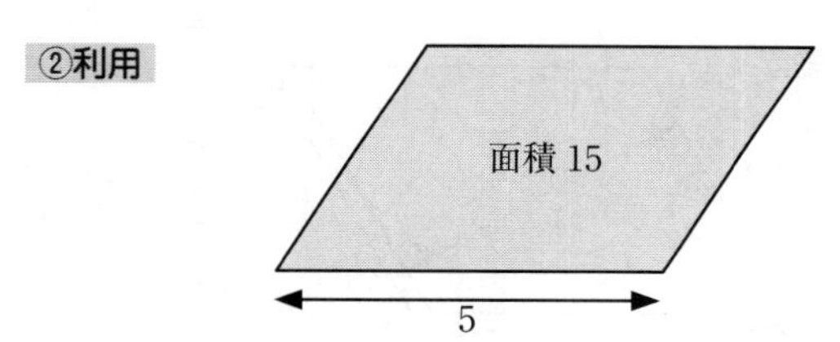

この平行四辺形の高さを求める問題です。平行四辺形の「底辺×高さ＝面積」という公式を、

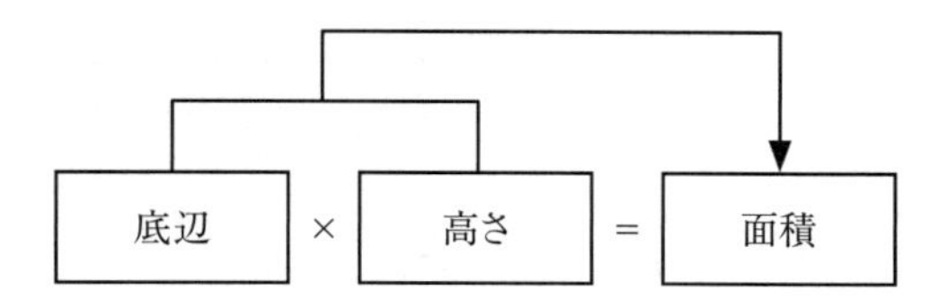

のように「左辺から右辺への一方通行の等式」ととらえていたのでは、この問題には歯が立ちません。

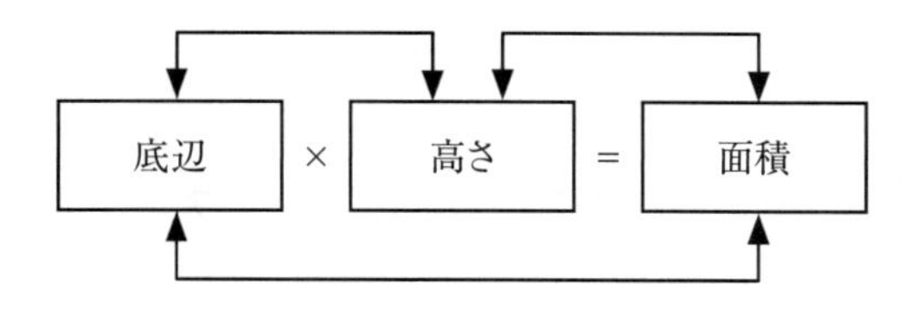

前図のように「底辺、高さ、面積をつなぐ関係式」ととらえることができ、求める高さをxとすると、$5x = 15$と立式できます。

よって、高さ$x = 3$と求めることができるのが、「②利用」のレベルです。

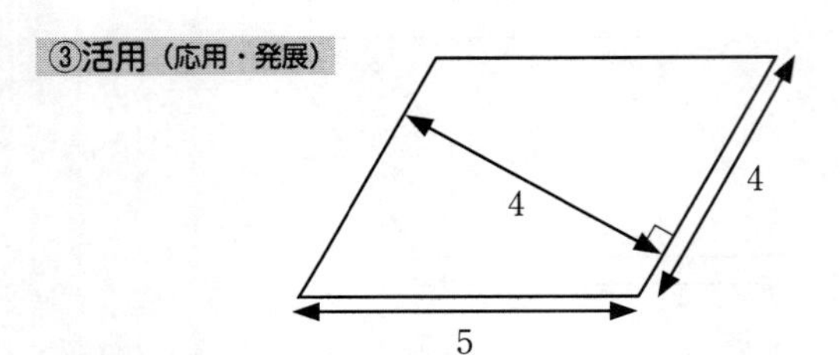

この平行四辺形の面積を求める問題です。単に「底辺＝下側の辺」ではなく、公式の意味まで理解して適切に利用でき、長さの5は不要であることがわかり、4・4 = 16と面積を求めることができるのが、「③活用」のレベルです。

「②利用」と「③活用」の違いは、公式を
②利用　字面で理解している
③活用　複眼的（今回は「数式＋図形」的）に理解していることです。②、③には重なる部分もありますが、思考する（問題を解く）ことを通して、知識をしんかさせ、次の「④総合」のレベルに到達しましょう。

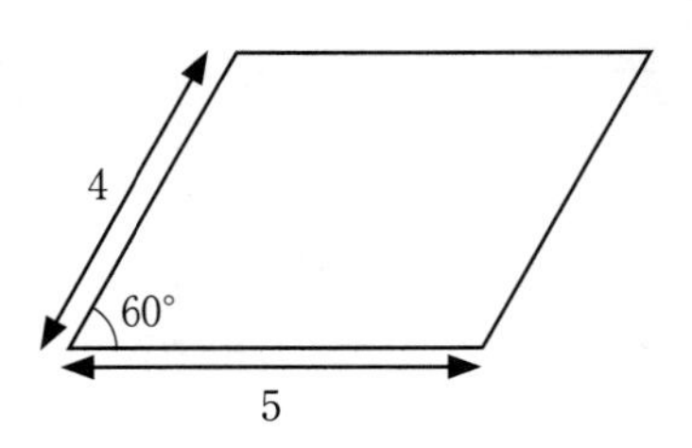

この平行四辺形の面積を求めることができるのが、「④総合」のレベルです。

平行四辺形の面積公式（底辺×高さ＝面積）のうち、高さがわからないため、三平方の定理（30°、60°、90°の直角三角形の３辺の長さの比）を利用することを考えます。

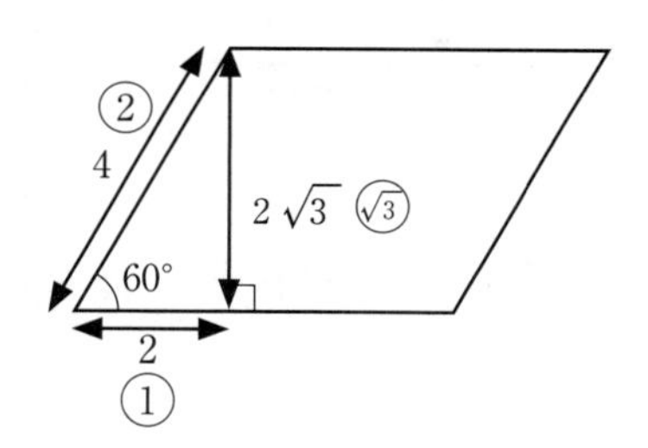

これで高さが$2\sqrt{3}$とわかるので、面積は
$5 \cdot 2\sqrt{3} = 10\sqrt{3}$と求めることができます。

平行四辺形の面積公式を深く理解していることによって、三平方の定理を利用する解法にたどり着いたことがおわかりになるかと思います。このように、「問題文中にはないが、必要な公式を引き出すことができる」レベルが「④総合」です。

また、この問題は「平行四辺形の面積＝合同な２つの三角形の面積の和」から考えることもできます。先ほどと同様に、三平方の定理により、三角形の高さを$2\sqrt{3}$と求めます。

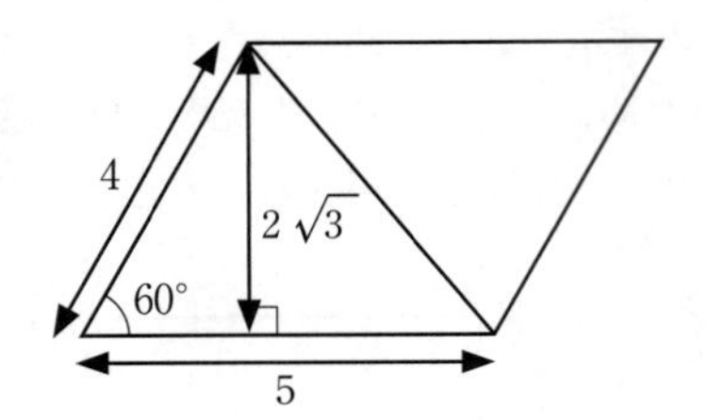

よって、求める平行四辺形の面積は、

$\frac{1}{2}\cdot 5\cdot 2\sqrt{3}\times 2 = 10\sqrt{3}$ です。

このように、平行四辺形の面積を深掘りする（合同な2つの三角形の面積の和のように、より基本的な図形の面積の組み合わせに帰着させる）ことは、③のレベルに該当します（そこで三平方の定理が必要になったので、全体としては④のレベルです）。

このように、知識の「体系化」とは、数学のある知識（平行四辺形の面積公式）が、（三平方の定理を含めた）数学の知識のシステムに組み込まれているようにすることです。「知識＝識別を知ること」でした。他の知識との「違いは何か」「境目はどこか」「関係はどうか」といったことが整理されていることが重要です。知識はまた、「動的」なものであると認識することもきわめて重要です。

知識に完成はありません。出合うたび、利活用するたびに「しんか」させ続けていきましょう。

3-3 基本的な数学の技法

前節で見た「基本的な数学の知識」がありさえすれば、多くの大学入試問題が解けるというわけではありません。やはり、できるだけ多くの問題（それも、良問であることが望ましい）を解いた経験を通して、「基本的な数学の技法」を習得することが重要です。

なお、問題3－3で扱った「正六角形は正三角形6個に分割できる」ことを「知識」と考えてもいいですし、「正多角形は対角線を補助線として引く」と考え、「技法」としてもかまいません。両者に明確な境界があるわけではないので、柔軟に考えてください。

以下、問題を通して詳しく説明していきます。また、本節は、これ以降の問題を解くために必要となる「基本的な数学の技法」に触れる（習得する）ことも目的としています。

問題 3－4　**1974 東京大学理科1次**

（残り3つの□をカット）

次の□にあてはまる数は何か。

3点A (1, 1)、B (5, 3)、C (4, 5) を頂点とする3角形ABCの面積は□である。

解答 3－4　最初に図を描いて、全体像を把握しておきましょう。

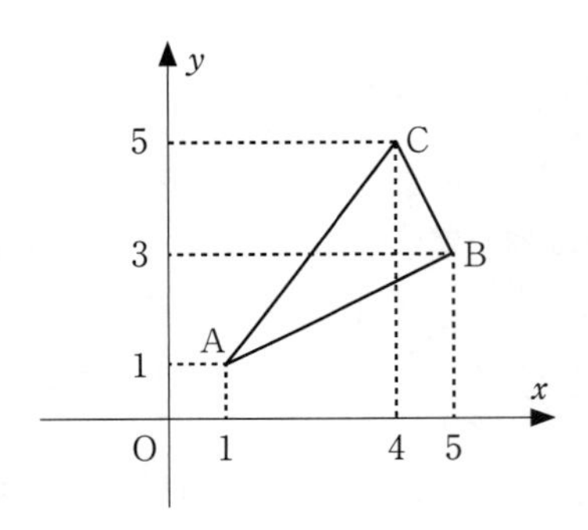

この三角形の面積を、2つの方法で求めてみます。

小さいパーツに分解する（三角形2つに分解する）

点Cからx軸に垂線を下ろし、辺ABとの交点をDとします。

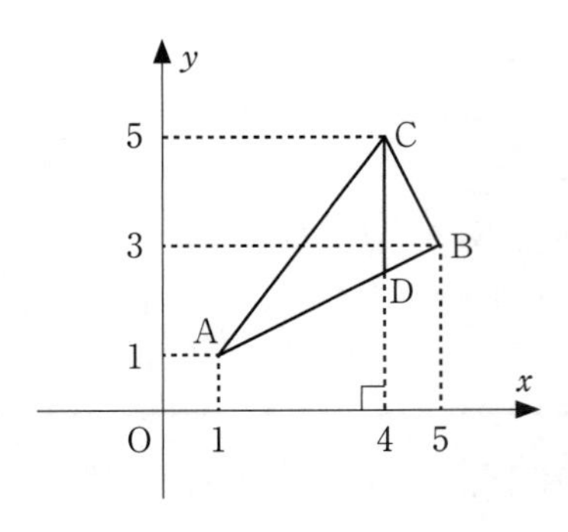

直線ABと直線CDの交点のy座標を求めます。直線ABは傾きが$\frac{1}{2}$なので、その方程式を$y = \frac{1}{2}x + b$とすると、

この直線は点 A (1, 1) を通ることから、

$$1 = \frac{1}{2} \cdot 1 + b$$

よって、　$b = \frac{1}{2}$

したがって、直線 AB の方程式は、　$y = \frac{1}{2}x + \frac{1}{2}$　……①

直線 CD の方程式は、　$x = 4$　……②

②を①に代入すると、　$y = \frac{1}{2} \cdot 4 + \frac{1}{2}$

これを計算して、　$y = \frac{5}{2}$

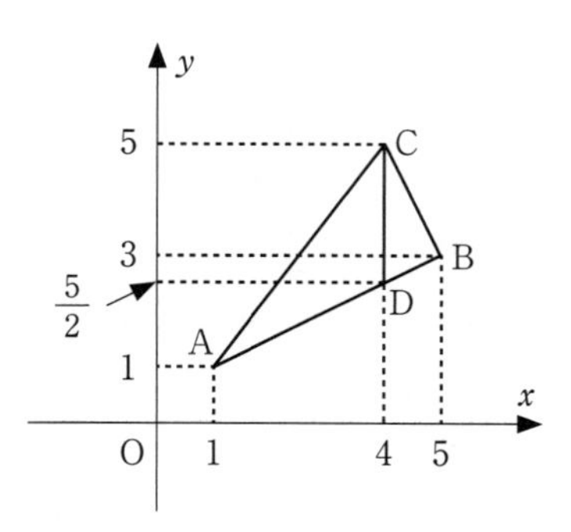

線分 CD によって△ ABC を左右に分割し、線分 CD を底辺とする三角形を２つ合わせた面積を求めると、

$$\triangle \mathrm{ABC} = \triangle \mathrm{ACD} + \triangle \mathrm{BCD} = \frac{1}{2}\cdot\frac{5}{2}\cdot 3 + \frac{1}{2}\cdot\frac{5}{2}\cdot 1 = 5$$

大きいパーツから余分を引く（正方形からくり抜く）

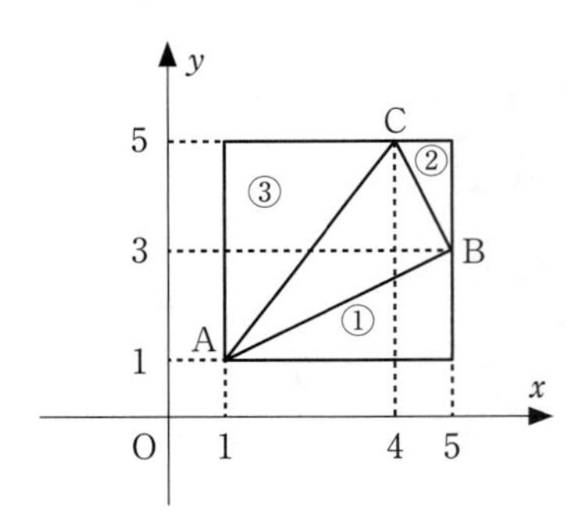

前図の正方形から、3つの直角三角形をくり抜けば、
△ABC の面積が求まります。よって、

$$4\cdot 4 - \Bigl(\underbrace{\frac{1}{2}\cdot 4\cdot 2}_{①} + \underbrace{\frac{1}{2}\cdot 2\cdot 1}_{②} + \underbrace{\frac{1}{2}\cdot 3\cdot 4}_{③}\Bigr) = 5$$

この問題のように、（さらなる数学の知識抜きでは）面積等を直接求めることができない場合の技法として、

①小さいパーツに分解する

②大きいパーツから余分を引く

という2つが有効です。これらの技法は、面積の問題に限ら

ず、体積や確率など、さまざまな問題に応用することができます。

本書では、問題を解くことを考えて、よく使う２つの技法に分けました。しかし、これらの本質は、両者に「パーツ」という言葉を含めたように共通しています。それは、一筋縄ではいかない問題を、いかに「計算可能な（計算が容易な）複数のパーツの組み合わせ」に帰着させるかです。

これら２つの技法を手がかりに、柔軟に「分解」「統合」して計算しましょう。

問題 3-5　**1986 東京大学文科**

（後半の高校数学の部分をカット＋改）

4点A、B、C、Dを頂点とする四面体Tにおいて、各辺の長さが

$AB = x$、$AC = AD = BC = BD = 5$、$CD = 4$

であるとき、Tの体積 V を x で表せ。ただし、

$0 < x < 2\sqrt{21}$ とする。

解答 3-5　この問題も、まずは四面体Tの図を描いておきましょう。

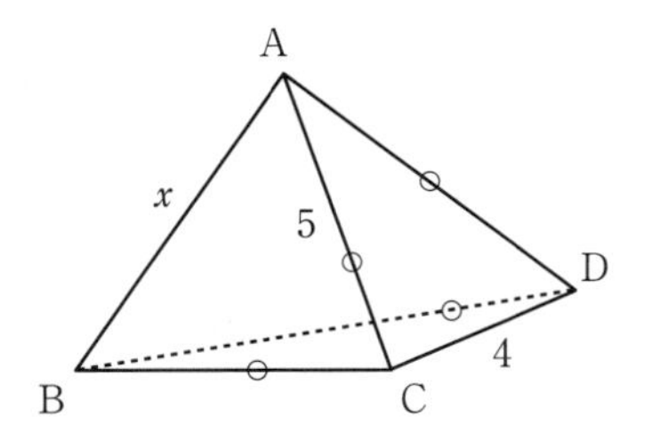

そのうえで、どのようにアプローチすればいいでしょうか？

80ページの解答2－3－2で触れた「基本的な数学の技法」である、対称面をもつ立体の定石「対称面で切る」を知っているか、そして使えるかがポイントになります。定石どおり、辺CDの中点をMとし、対称面ABMで切ると、次図のようになります。

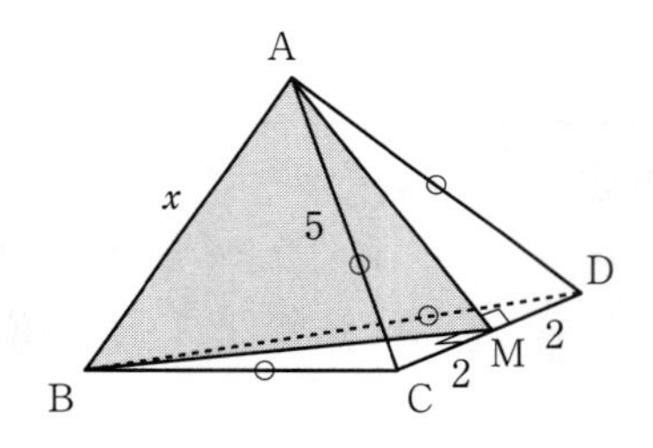

△ACDと△BCDは二等辺三角形なので、AMとBMは、それぞれの頂角から底辺に下ろした垂線です。よって、AM ⊥ CD、BM ⊥ CDなので、平面ABM ⊥ CDです。

このことから、求める四面体Tの体積Vを「小さいパーツに分解」し、「四面体ABCMとABDMの体積の和」と考えると、

$$V = \text{四面体ABCMの体積} + \text{四面体ABDMの体積}$$

$$= \frac{1}{3}\triangle \mathrm{ABM}\cdot \mathrm{CM} + \frac{1}{3}\triangle \mathrm{ABM}\cdot \mathrm{DM}$$

$$= \frac{1}{3}\triangle \mathrm{ABM}\cdot 2 + \frac{1}{3}\triangle \mathrm{ABM}\cdot 2$$

$$= \frac{4}{3}\triangle \mathrm{ABM} \quad \cdots\cdots☆$$

これで、△ ABM の面積さえわかれば V が求まるところまで到達しました。空間図形の技法「三角形（平面）を取り出す」に従って△ ABM を取り出すと、次図のようになります。

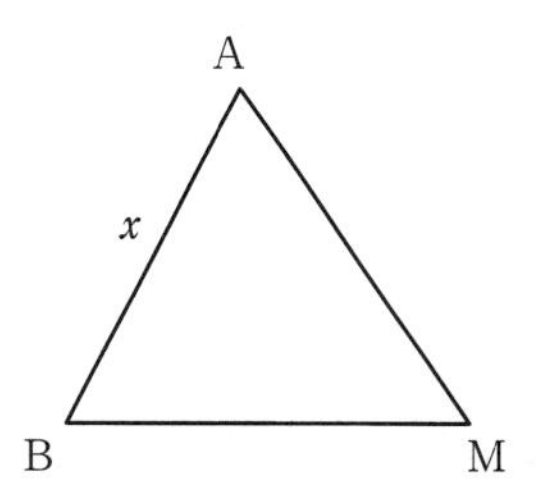

△ ABM は二等辺三角形です。なぜならば、AM と BM はともに、合同な二等辺三角形である△ ACD と△ BCD の頂角から底辺に下ろした垂線でしたので、長さが等しいからです。

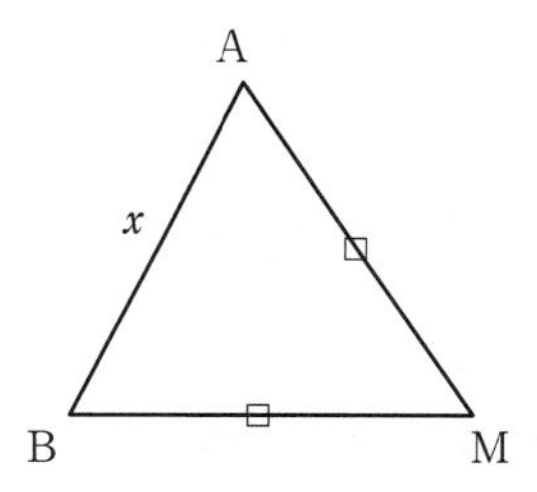

この図の△ ABM の面積をどのように求めればいいでしょうか？

「二等辺三角形は二等分する」ですから、頂角 M から垂線 MN を下ろし、向きを変えたものを次図に示します。

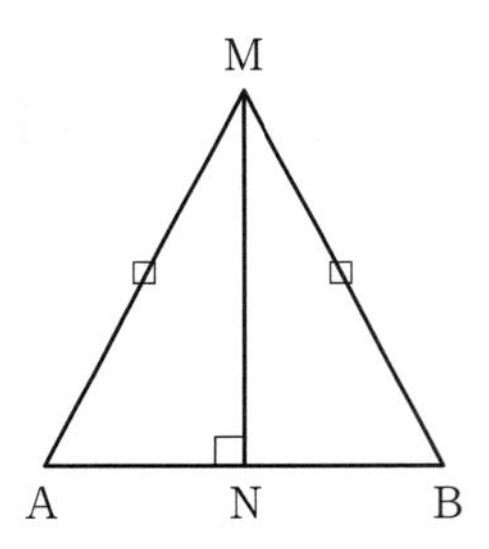

このように、底辺を AB、高さを MN として、△ ABM の面積を求めます。まず、AM の長さを求めるために、△ ACM を取り出すと、次図のようになります。

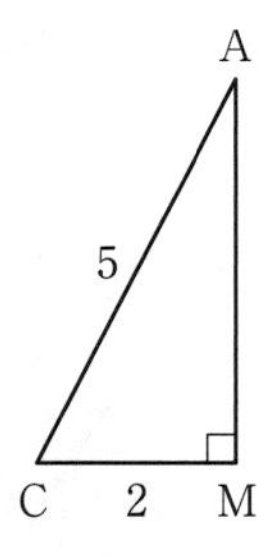

この図の三角形において、三平方の定理より、

$$AM^2 + CM^2 = AC^2$$
$$AM^2 = AC^2 - CM^2 = 5^2 - 2^2 = 21$$

$AM > 0$ なので、　$AM = \sqrt{21}$
これを、$AM = BM$ であることも忘れずに全体の図に反映させると、次図のようになります。

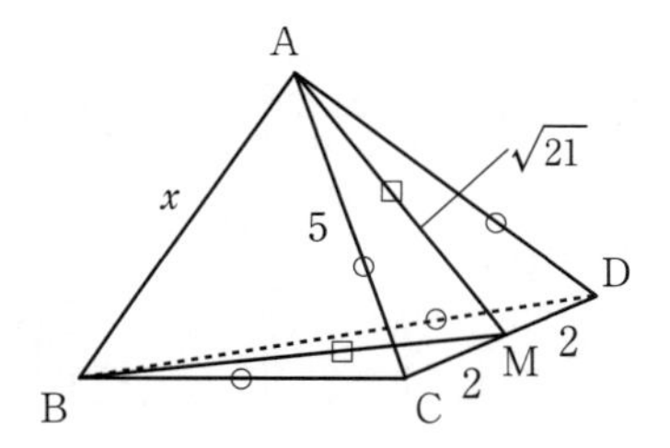

△ABM を取り出すと、長さ等は次図までわかりました。

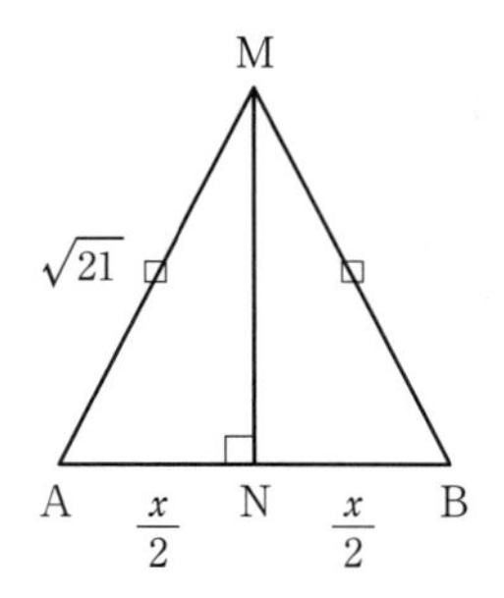

　この図の左半分の直角三角形 AMN において、三平方の定理より、

$$MN^2 + AN^2 = AM^2$$

$$MN^2 = AM^2 - AN^2 = (\sqrt{21})^2 - \left(\frac{x}{2}\right)^2$$

$$= 21 - \frac{x^2}{4}$$

$$= \frac{84 - x^2}{4}$$

MN＞0なので、 $\mathrm{MN} = \sqrt{\dfrac{84 - x^2}{4}} = \dfrac{1}{2}\sqrt{84 - x^2}$

よって、△ABMの面積は、

$$\triangle \mathrm{ABM} = \frac{1}{2}\mathrm{AB}\cdot\mathrm{MN} = \frac{1}{2}\cdot x\cdot\frac{1}{2}\sqrt{84 - x^2} = \frac{1}{4}x\sqrt{84 - x^2}$$

したがって、求める体積Vは、139ページの☆より、

$$V = \frac{4}{3}\triangle \mathrm{ABM} = \frac{4}{3}\cdot\frac{1}{4}x\sqrt{84 - x^2} = \frac{1}{3}x\sqrt{84 - x^2}$$

ここでは、3つの基本的な数学の技法を用いました。1つ目は「対称面をもつ立体は対称面で切る」、2つ目は「空間図形は三角形を取り出す」、3つ目は「二等辺三角形は二等分する」です。

これらを適用するたびに、進むべき方向がクリアになってきたことと思います。またこれらは、134ページの「①小さいパーツに分解する」の具体的かつ頻出のパターンです。

基本的な数学の技法も、「動的」に「体系化」することを心がけましょう。

続いて、整数問題に特有の「基本的な数学の技法」を整理しておきます。

整数問題の技法

①積の形をつくる　②不等式で範囲を絞る　③余りで分類する

それぞれの技法に関する問題を１問ずつ用意しましたので、順に理解を進めていきましょう。

問題 3-6　**技法①の基本問題**

次の方程式を満たす自然数の組をすべて求めよ。

(1) $xy - 2x - 3y = 0$

(2) $x^2 - y^2 = 8$

解答 3-6　(1)与式の両辺に６を加えます。

$$xy - 2x - 3y + 6 = 6$$

次に、左辺を因数分解します。

$$(x - 3)(y - 2) = 6$$

x、yは自然数なので、それらから３や２を引いた$x - 3$、$y - 2$は整数です。

この「整数×整数＝整数」という形を、本書では「積の形」とよぶことにします。整数問題においてこのような式に変形すると、「積が６になる整数」なので、$x - 3$と$y - 2$のペアの候補を次の表のように絞ることができます。

$x-3$	-6	-3	-2	-1	1	2	3	6
$y-2$	-1	-2	-3	-6	6	3	2	1

あとは、

$$\begin{cases} x-3=-6 \\ y-2=-1 \end{cases}$$

等の連立方程式を解きます。この方程式では、$x=-3$、$y=1$となり、xが自然数ではないので不適です。これを8回も繰り返すのは手間なので、「整数問題の技法②不等式で範囲を絞る」を取り入れます（この技法②は、続く問題3-7で重点的に扱います）。x、yが自然数ということは、$x \geqq 1$かつ$y \geqq 1$なので、$x-3 \geqq -2$かつ$y-2 \geqq -1$です。これを考慮に入れると、$x-3$と$y-2$のペアの候補は4つに限られます。

$x-3$	1	2	3	6
$y-2$	6	3	2	1

よって、$(x, y) = (4, 8)$、$(5, 5)$、$(6, 4)$、$(9, 3)$

(2)与式の左辺を因数分解して、「積の形」をつくります。

$$(x+y)(x-y)=8$$

この式から、2整数$x+y$、$x-y$の積が8になることがわかります。ここからの解法は、地道なものから順に説明します。

$x+y$	-8	-4	-2	-1	1	2	4	8
$x-y$	-1	-2	-4	-8	8	4	2	1

あとは、連立方程式をいくつも解くだけです。

$$\begin{cases} x+y=-8 \\ x-y=-1 \end{cases}$$

を解くと、$x=-\frac{9}{2}$、$y=-\frac{7}{2}$

これは自然数ではないので、答えとして適しません。

$$\begin{cases} x+y=-4 \\ x-y=-2 \end{cases}$$

を解くと、$x=-3$、$y=-1$

これも自然数ではないので、答えとして適しません。

同様に他の連立方程式も解き、x、yが自然数のものを探すと、

$$(x,\ y)=(3,\ 1)$$

2数の大小を考える

$$(x+y)-(x-y)=2y>0 \text{ なので、 } x+y>x-y$$

この不等式を準備しておくと、解法1の半分の4パターンですみます。

$x+y$	-2	-1	4	8
$x-y$	-4	-8	2	1

これらの連立方程式を解き、x、yが自然数のものを探すと、

$$(x,\ y)=(3,\ 1)$$

2数の偶奇を考える

$$(x+y)-(x-y)=2y=\text{偶数}$$

これから、$x+y$と$x-y$の偶奇は一致することがわかります。これで、解法2の半分の2パターンに絞られました。

$x+y$	-2	4
$x-y$	-4	2

これらの連立方程式を解き、x、yが自然数のものを探すと、

$$(x,\ y) = (3,\ 1)$$

２数の正負を考える

$(x+y)(x-y) = 8 > 0$です。そして、x、yは自然数なので、もちろん$x+y$も自然数です。$x-y$に自然数$x+y$をかけると正の数になるので、$x-y$も自然数（正の整数）です。これで解法３の半分の１パターンですみます。

$x+y$	4
$x-y$	2

この連立方程式を解くと、$(x,\ y) = (3,\ 1)$

最後に紹介した解法４の発想は、問題文の時点で、
$x^2 - y^2 = 8 > 0$から$x^2 > y^2$なので、次図のように$x > y$と気づいたら、$x+y$も$x-y$も自然数だとわかります。

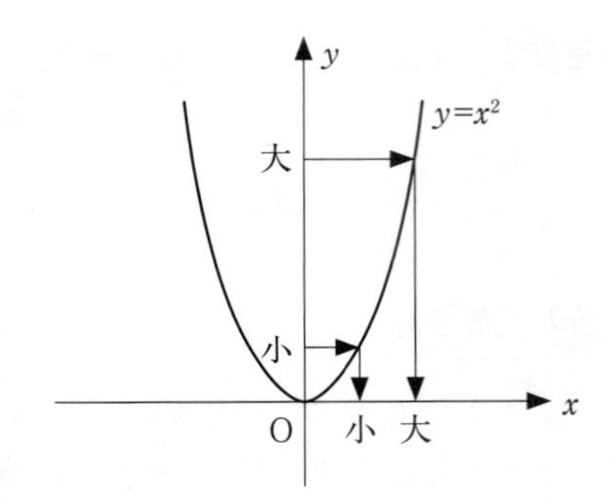

このように、「x^2-y^2だから、すぐに積の形にできる」と安易に走らないことが近道になる場合もあります。「基本的な数学の技法」をマスターしたからといって、むやみに飛びつくのではなく、各問題に応じた柔軟な思考も重要です。

基本的な数学の技法 → 一般
その問題に適した解法 → 特殊

のバランスをとるためには、やはり演習量が大切です。さまざまな問題を解くなかで、多様な視点から数式を眺める経験を積み、スマートで美しい解答につなげましょう。

続いて、技法②に関する整数問題です。

問題 3-7　**技法②の問題　2006 東京大学文科前期**

（(2)をカット）

nを正の整数とする。実数x、y、zに対する方程式

$$x^n+y^n+z^n=xyz \quad \cdots\cdots①$$

を考える。

$n = 1$のとき、①を満たす正の整数の組$(x,\ y,\ z)$で、$x \leqq y \leqq z$となるものをすべて求めよ。

解答 3-7　$n = 1$のとき、①は、

$$x + y + z = xyz \quad \cdots\cdots☆$$

です。$x \leqq y \leqq z$とあるので、「整数問題の技法②不等式で範囲を絞る」で突破口を探ります。☆の両辺を逆にした式を利用し、xとyをより大きい（または等しい）zに変更すると、

$$xyz = x + y + z \leqq z + z + z = 3z$$

よって、$xyz \leqq 3z$なので、この両辺を正の数zで割ると$xy \leqq 3$です。これから、$(x,\ y) = (1,\ 1)$、$(1,\ 2)$、$(1,\ 3)$の3パターンに限られることがわかるので、後はしらみつぶしに調べます。

1：$(x,\ y) = (1,\ 1)$のとき

☆は、　$1 + 1 + z = 1 \cdot 1 \cdot z$

よって、　$z + 2 = z$

これを満たす整数zは存在しません。

2：$(x,\ y) = (1,\ 2)$のとき

☆は、　$1 + 2 + z = 1 \cdot 2 \cdot z$

よって、　$z + 3 = 2z$

したがって、　$z = 3$

$1 \leqq 2 \leqq 3$なので、$x \leqq y \leqq z$を満たします。

3：$(x, y) = (1, 3)$ のとき

☆は、 $1 + 3 + z = 1 \cdot 3 \cdot z$

よって、 $z + 4 = 3z$

したがって、 $z = 2$

$y = 3 \geqq 2 = z$ なので、$x \leqq y \leqq z$ を満たしません。

1：〜3：より、 $(x, y, z) = (1, 2, 3)$

「はじめに」で触れたように、1999年に東京大学で出題された「三角関数の加法定理の証明」以降、他大学においてもしばしば基本的な公式の証明が出題されています。公式の証明に、（解法によっては）「整数問題の技法③余りで分類する」が含まれる問題を1問扱います。

問題 3-8 **技法③の問題　2010 九州大学文系前期**

（(2)、(3)をカット）

以下の問いに答えよ。答えだけでなく、必ず証明も記せ。

和 $1 + 2 + \cdots + n$ を n の多項式で表せ。

解答 3-8 1から100までの自然数の和はいくつでしょうか？

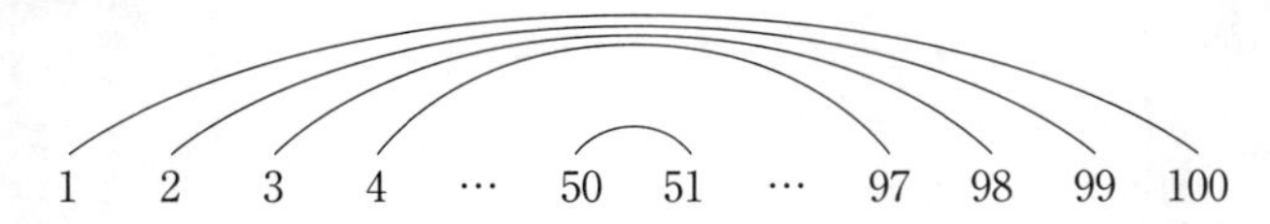

「50」ペアの「101」ができるので、$50 \cdot 101 = 5050$ です。

しかし、この例から100だけを除き、「1から99までの自然数の和」とすると、

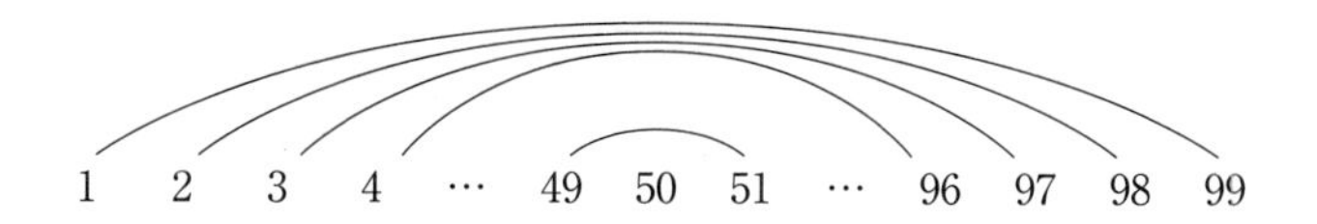

となり、50だけにペアの相手がありません。

和 $1+2+\cdots+n$ がすべてペアにできるかどうかには、n の偶奇が関係しているので、「整数問題の技法③余りで分類する」ことにします。今回は「n の偶奇」、すなわち「2で割った余り」による分類を使います。

1：$n=2k\left(k=\dfrac{n}{2}\right)$ のとき（k は自然数）

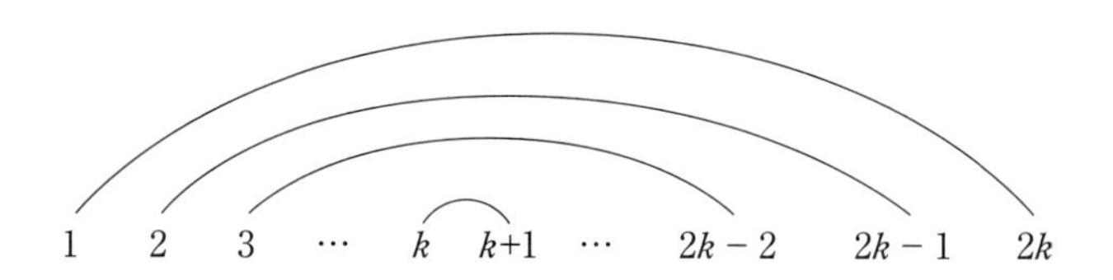

k ペアの $2k+1$ ができるので、

$$\begin{aligned}1+2+\cdots+n &= 1+2+\cdots+2k\\ &= k(2k+1)\end{aligned}$$

$k=\dfrac{n}{2}$ を代入すると、

$$= \frac{n}{2}\left(2 \cdot \frac{n}{2} + 1\right)$$

$$= \frac{n}{2}(n + 1)$$

$$= \frac{1}{2}n(n + 1)$$

2：$n = 2k - 1 \left(k = \frac{n + 1}{2}\right)$ のとき（k は自然数）

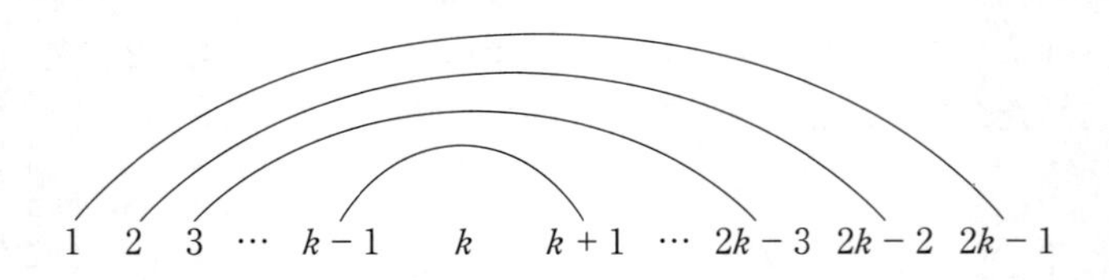

$k - 1$ ペアの $2k$ ができ、k が1つ残るので、

$$\begin{aligned} 1 + 2 + \cdots + n &= 1 + 2 + \cdots + 2k - 1 \\ &= (k - 1)\,2k + k \end{aligned}$$

$k = \frac{n + 1}{2}$ を代入すると、

$$= \left(\frac{n + 1}{2} - 1\right) \cdot 2 \cdot \frac{n + 1}{2} + \frac{n + 1}{2}$$

$$= \left(\frac{n + 1}{2} - 1\right)(n + 1) + \frac{n + 1}{2}$$

$$= \frac{n-1}{2}(n+1) + \frac{n+1}{2}$$

$$= \frac{n+1}{2}\left\{(n-1)+1\right\}$$

$$= \frac{1}{2}n(n+1)$$

1：、2：のいずれの場合も、

$$1 + 2 + \cdots\cdots + n = \frac{1}{2}n(n+1)$$

これではまだ、完璧ではありません。問題文には「和 $1+2+\cdots+n$ を n の多項式で表せ」とありましたが、「多項式」とはなんでしょうか？

多項式とは、「いくつかの単項式の和として表される式」です。そのため、$\frac{1}{2}n(n+1)$ で終わらずに、展開しておくとベターだと思います。よって、

$$1 + 2 + \cdots + n = \frac{1}{2}n^2 + \frac{1}{2}n$$

このような技法が、「整数問題の技法③余りで分類する」です。今回は n の偶奇で分けて、ペアにして証明することができました。

もう１つ、うまくペアをつくる証明法を紹介します。「逆にして足す」というアイデアです。求める和を S とすると、

$$
\begin{array}{rrcccccccc}
 & S = & 1 & + & 2 & + \cdots + & (n-1) & + & n \\
+) & S = & n & + & (n-1) & + \cdots + & 2 & + & 1 \\
\hline
 & 2S = & \multicolumn{7}{c}{\underbrace{(n+1) + (n+1) + \cdots + (n+1) + (n+1)}_{n\text{個}}} \\
 & = & \multicolumn{7}{l}{n(n+1)}
\end{array}
$$

両辺を2で割ると、　$S = \dfrac{1}{2}n(n+1)$

よって、$1 + 2 + \cdots + n = \dfrac{1}{2}n^2 + \dfrac{1}{2}n$

今回の$1 + 2 + \cdots + n = \dfrac{1}{2}n(n+1)$のような重要な公式の証明には、多くの問題を解く際に有効なアイデアが詰まっています。そのため、公式は「証明」も含めて理解することを心がけましょう。それにより、なぜその公式を使えば解けるのかを理解できると同時に、その「公式」と「証明のアイデア」の両者を応用問題にまで活用できるようになります。もちろん、「公式」と「証明」をセットで理解していることは、(活用とまではよべないレベルの) 利用の精度を上げることにもつながります。

このように、「理屈、理論から理解することには、利点がある」ことを忘れてはいけません (大学入試問題には、公式を覚えてあてはめることで解ける問題が一定数あることも確かです。これは、受験勉強にまじめに取り組んだ受験生が報われ、大学側もまじめな受験生を合格させることができるので、Win - Win の関係にあると思います)。

また、基本的な数学の技法を習得するためには、頻出問題を網羅していることや演習量も大切です。なぜなら、「類題を連想できるか」がカギとなる問題があるからです。

そこで、類題を解いた経験がものをいう問題を解いてみましょう。

問題 3-9　**2009 京都大学文系前期**

pを素数、nを正の整数とするとき、$(p^n)!$はpで何回割り切れるか。

ヒント　「！」(階乗)

高校で学習する「！」という数学記号が出てきています。この記号は「階乗」と読み、たとえば、

$$5! = 5 \cdot 4 \cdot 3 \cdot 2 \cdot 1$$

というように、ある数から階段状に１ずつ小さくした自然数を１までかけた（乗法）もの、を意味します。一般に$n!$（nの階乗）は、

$$n! = n(n-1)(n-2) \cdot \cdots \cdot 3 \cdot 2 \cdot 1$$

です。

解答 3-9　素数とは、２以上の自然数で、１とそれ自身以外に正の約数をもたない数であり、数学においてたいへん重要な数です（197ページ問題4－6の解答であらためて踏み込みます）。

この問題では、

$$(p^n)! = p^n(p^n - 1)(p^n - 2)(p^n - 3) \cdot \cdots \cdot 4 \cdot 3 \cdot 2 \cdot 1$$

がpで何回割り切れるか、が問われています。

もちろん、p^nはpでn回割り切れます。そして、この数から1ずつ小さくしていくと、p^{n-1}、p^{n-2}、…といった$p^{\bigcirc}$と表すことができる数も含まれ、これらもpで割り切ることができます。pで割り切ることができる数は、これらに加え、$p^n - p$のような数もあります。

とはいえ、pは素数なので助かりました。たとえば、「$(6^2)!$は6で何回割り切れるか」という問題であれば、

$$(6^2)! = 36! = 36 \cdot 35 \cdot \cdots \cdot \underline{9 \cdot 8} \cdot \cdots \cdot 2 \cdot 1$$

の下線部の9と8は、いずれも6の倍数ではありませんが、「$9 = 3^2$の3」と「$8 = 2^3$の2」を組み合わせることにより、$9 \cdot 8 = 72$は6で割り切ることができます。

これらをどのように数えればいいでしょうか？

悩んだときの打開策は、p、nといった文字に具体的な数をあてはめて「実験」をおこなうことです！

今回は、素数$p = 2$、$n = 3$で実験を始めてみます。このとき、

$$(p^n)! = (2^3)! = 8! = 8 \cdot 7 \cdot 6 \cdot 5 \cdot 4 \cdot 3 \cdot 2 \cdot 1$$

が$2\,(= p)$で何回割り切れるか、が問われることになります。この場合は、次の表のようにまとめることができます。

数	8	7	6	5	4	3	2	1	計
2で割り切れる回数	3	0	1	0	2	0	1	0	7

よって、$(2^3)!$は、2で7回割り切れます。

1つの実験として、$p=2$、$n=3$という具体的な場合を考えたわけですが、もとの問題を解くためには、p、nが文字のままの場合に「一般化」できるよう準備しておかないといけません。

それではもう一度、pとnを1ずつ大きくした素数$p=3$、$n=4$で実験をしてみましょう。このとき、

$$(p^n)!=(3^4)!=81!=81\cdot80\cdot79\cdot\cdots\cdot3\cdot2\cdot1$$

が$3\,(=p)$で何回割り切れるかは、次の表のようにまとめることができ、こちらの計は40です。

数	81	80	79	78	77	76	75	74	73	72	71	…	30
3で割り切れる回数	4	0	0	1	0	0	1	0	0	2	0	…	1

29	28	27	26	25	24	…	10	9	8	7	6	5	4	3	2	1	計
0	0	3	0	0	1	…	0	2	0	0	1	0	0	1	0	0	40

このように力ずくで求めることはできますが、これでは一般化につながりません。今回の「実験」の「81!が3で何回割り切れるか」という問題は、大学入試において最頻出とま

ではいかないものの、頻出の問題です。この問題の経験により、次のカウント方法を経験していると、大きなアドバンテージになります。先ほどの表から3の倍数のみを抜き出し、次のようにまとめ直します。

数	81	78	75	72	69	66	63	60	57	54	51	48	45	42
3で割り切れる回数	○○○○	○	○	○○	○	○	○○	○	○	○○○	○	○	○○	○

数	39	36	33	30	27	24	21	18	15	12	9	6	3	計
3で割り切れる回数	○	○○	○	○	○○○	○	○	○○	○	○	○○	○	○	40

この表において、縦ではなく「横にカウント」することがポイントになります。

数	81	78	75	72	69	66	63	60	57	54	51	48	45	42
①	○	○	○	○	○	○	○	○	○	○	○	○	○	○
②	○			○			○			○			○	
③	○									○				
④	○													

数	39	36	33	30	27	24	21	18	15	12	9	6	3	計
①	○	○	○	○	○	○	○	○	○	○	○	○	○	40
②		○			○			○			○			
③					○									

81 → 78 → 75 →…、と 3 刻みに○があるので、①の行における○の個数は、

$$\frac{3^4}{3}\left(=\frac{81}{3}=27\right)(\text{個})$$

続いて、2 行目を横にカウントします。

数	81	78	75	72	69	66	63	60	57	54	51	48	45	42
①	○	○	○	○	○	○	○	○	○	○	○	○	○	○
②	○			○			○			○			○	
③	○									○				
④	○													

数	39	36	33	30	27	24	21	18	15	12	9	6	3	計
①	○	○	○	○	○	○	○	○	○	○	○	○	○	
②		○			○			○			○			40
③					○									
④														

81 → 72 → 63 →…と、3^2（= 9）刻みに○があるので、②の行における○の個数は、

$$\frac{3^4}{3^2}\left(=\frac{81}{9}=9\right)(\text{個})$$

さらに、3 行目を横にカウントします。

数	81	78	75	72	69	66	63	60	57	54	51	48	45	42
①	○	○	○	○	○	○	○	○	○	○	○	○	○	○
②	○			○			○			○			○	
③	○									○				
④	○													

数	39	36	33	30	27	24	21	18	15	12	9	6	3	計
①	○	○	○	○	○	○	○	○	○	○	○	○	○	40
②		○			○			○			○			
③					○									
④														

81→54→27と、3^3（= 27）刻みに○があるので、③の行における○の個数は、

$$\frac{3^4}{3^3}\left(=\frac{81}{27}=3\right)（個）$$

数	81	78	75	72	69	66	63	60	57	54	51	48	45	42
①	○	○	○	○	○	○	○	○	○	○	○	○	○	○
②	○			○			○			○			○	
③	○									○				
④	○													

数	39	36	33	30	27	24	21	18	15	12	9	6	3	計
①	○	○	○	○	○	○	○	○	○	○	○	○	○	40
②		○			○			○			○			
③					○									
④														

最後の 4 行目には、$\dfrac{3^4}{3^4}$ (= 1) (個) あります。

ここまでの 4 行をまとめると、先ほどと同様、$(3^4)!$ は 3 で、

$$\frac{3^4}{3}+\frac{3^4}{3^2}+\frac{3^4}{3^3}+\frac{3^4}{3^4}=27+9+3+1=40$$

回割り切れます。

この類題の経験を生かし、後は 3 を p、4 を n に置き換えて「一般化」することで、この問題は解決できます。次の表は、そのイメージです。

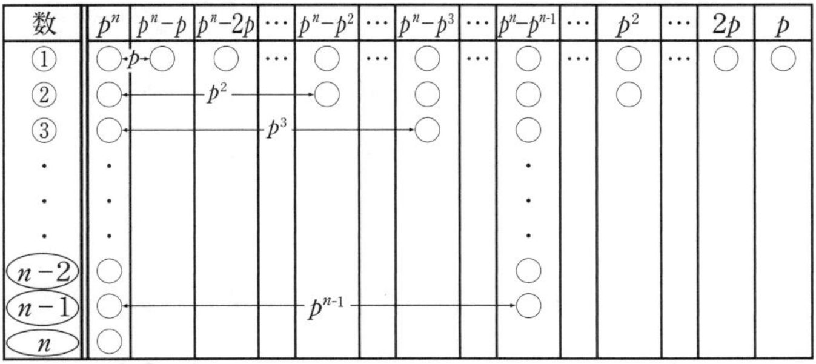

数	p^n	p^n-p	p^n-2p	…	p^n-p^2	…	p^n-p^3	…	p^n-p^{n-1}	…	p^2	…	$2p$	p
①	○ ←p→	○	○	…	○	…	○	…	○	…	○	…	○	○
②	○ ←		p^2		→ ○		○		○		○			
③	○ ←			p^3			→ ○		○					
・	・								・					
・	・								・					
・	・								・					
$n-2$	○								○					
$n-1$	○ ←				p^{n-1}				→ ○					
n	○													

$p=3$、$n=4$ のときと同様に考えて、$(p^n)!$ は素数 p で、

$$\frac{p^n}{p}+\frac{p^n}{p^2}+\frac{p^n}{p^3}+\cdots+\frac{p^n}{p^{n-2}}+\frac{p^n}{p^{n-1}}+\frac{p^n}{p^n}$$
$$=p^{n-1}+p^{n-2}+p^{n-3}+\cdots+p^2+p+1$$

回割り切れます。

文字を含まない類題の経験を、「文字にして一般化した問題」を解くときに引き出すことができるように記憶する必要があります。そのために、問題を解くときには「なぜそのように解くのか（なぜそのように解くと上手くいくのか)」まで、深く理解することを心がけてください。

また、具体的な問題を解いた後で、「この問題の設定を変えるとどうなるか」を考えることも有効です。

みなさんもぜひ、「1問を解く過程から、その1問分より多くを学ぶ」ようにしましょう。

その一例として、この答えを、もう少し簡単にまとめることにします。先ほどの答えを S とします。

$$S = p^{n-1} + p^{n-2} + p^{n-3} + \cdots + p^2 + p + 1 \quad \cdots\cdots①$$

この両辺に、素数 p $(\geqq 2)$ をかけたものを用意します。

$$pS = p^n + p^{n-1} + p^{n-2} + \cdots + p^3 + p^2 + p \quad \cdots\cdots②$$

②－①を計算すると、

$$\begin{array}{rrl} & pS = & p^n + p^{n-1} + p^{n-2} + \cdots + p^3 + p^2 + p \\ -) & S = & + p^{n-1} + p^{n-2} + \cdots + p^3 + p^2 + p + 1 \\ \hline & (p-1)S = & p^n - 1 \end{array}$$

素数 $p \geqq 2$ なので、$p - 1 \geqq 1$ です。ということは、この両辺を $p - 1$ $(\neq 0)$ で割っても問題ないので、

$$S = \frac{p^n - 1}{p - 1}$$

すなわち、

$$p^{n-1} + p^{n-2} + p^{n-3} + \cdots + p^2 + p + 1 = \frac{p^n - 1}{p - 1}$$

先ほどの答えをまとめることができましたが、こちらは、高校数学の数列の単元において学習する「等比数列の和」です。基本的な問題を解くにはこの結論を公式として覚えることも重要ではありますが、「この公式がなぜ成り立つのか(何倍かしたものを利用して、…の部分を消す)」をセットにして頭に入れるとさらに有効です。

このように、「なぜ」を意識して公式を学ぶ、問題を解くことが、「基本的な数学の技法」を自由自在に活用することにつながります。

この「何倍かしたものを利用して、…の部分を消す」アイデアは、中学数学でも登場しているのですがご記憶でしょうか？

0.11111…という循環小数を、分数で表すときに登場しました（そして、分数で表すことのできる数を「有理数」とよびました)。

$x = 0.11111\cdots$として、

$$\begin{array}{rrl} & 10x &= 1.11111\cdots \\ -) & x &= 0.11111\cdots \\ \hline & 9x &= 1 \\ & x &= \dfrac{1}{9} \end{array}$$

よって、　$0.11111\cdots = \dfrac{1}{9}$

このときも、「10倍したものを利用して、…の部分を消す」ことで問題が解決できました。

このように、有名な公式のアイデアや有名な問題の解法は「汎用性が高い」ので、知識（結果としての公式）、かつ、技法（証明の過程でのアイデア）として、チャンク（固まり）にして覚えましょう！（逆に「汎用性が高い」からこそ、さまざまな問題において顔を出すので「有名」なのだと思います）

知識と技法はチャンクにすることにより、1つの石によって落とされるべき2羽の鳥です。すなわち、チャンクにすることには、他の知識が同時に頭に刻み込まれるので忘れにくくなる、かつ、初見の問題に対する取っかかりが増え、連想が容易になる（そのため、思考での活用も容易になる）というメリットがあります。

それでは、整数問題の（知識と）技法の総整理として、「はじめに」で触れた問題に進みます。

問題 3-10　**2024 東京大学理科前期**（(2)をカット）

2 以上の整数で、1 とそれ自身以外に正の約数を持たない数を素数という。以下の問いに答えよ。

$f(x) = x^3 + 10x^2 + 20x$ とする。$f(n)$ が素数となるような整数 n をすべて求めよ。

ヒント　$f(x)$

$f(x)$ は、x の関数（関数は英語で function です）を表す記号です。$f(x) = x^3 + 10x^2 + 20x$ に $x = 5$ を代入した値を表すときに、

$$f(5) = 5^3 + 10 \cdot 5^2 + 20 \cdot 5 = 475$$

というように、日本語を長々と書く必要がなくなります。今回は $f(n)$ ですから、$x = n$ として、

$$f(n) = n^3 + 10n^2 + 20n$$

です。

解答 3-10　問題解決の見通しを良くするためにも、まずは「実験」をおこないましょう。$n = 1$、2、3 を代入してみると、

$$f(1) = 1^3 + 10 \cdot 1^2 + 20 \cdot 1 = 1 + 10 + 20 = 31$$
$$f(2) = 2^3 + 10 \cdot 2^2 + 20 \cdot 2 = 8 + 40 + 40 = 88 = 2^3 \cdot 11$$
$$f(3) = 3^3 + 10 \cdot 3^2 + 20 \cdot 3 = 27 + 90 + 60 = 177 = 3 \cdot 59$$

これらの中で、素数は $f(1)$ のみです。また、問題文に

「$f(n)$ が素数となるような整数 n」とあるので、n は「負の整数」としてもかまいません。そこで実験を続け、
$n=-1$ としてみると、

$$f(-1)=(-1)^3+10\cdot(-1)^2+20\cdot(-1)$$
$$=-1+10-20=-11$$

です。これは負の数なので、「2以上の整数で……」の時点で素数の定義を満たさず、素数ではありません。

実験で見通しが良くなったところで、ふたたび問題文を読み直します。すると、問題文に「整数 n をすべて求めよ」とあるので、実験していくつか見つけても、それがすべてであることを示す必要があるとわかります。

そこで、具体（実験）から一般へと頭を切り替えましょう。それでは $f(n)$ が素数となるのは、どのようなときでしょうか？

整数問題において手詰まりになった場合は、「整数問題の技法①積の形をつくる」で手がかりが得られないかを考えてみましょう（素数関連の問題では、このようにスタートすることがよくあります）。

$f(n)=n^3+10n^2+20n$ の右辺を n でくくると、

$$f(n)=n(n^2+10n+20)$$

となり、積の形をつくることができます。ここであらためて「実験」です。2つの整数 a、b の積が素数となるのは、どのようなときでしょうか。

$a=4$、$b=9$ のとき　$ab=4\cdot9=2^2\cdot3^2$ ←素数ではない

$a=2$、$b=6$ のとき　$ab=2\cdot6=2^2\cdot3$ ←素数ではない

$a = 2$、$b = 3$ のとき　$ab = 2 \cdot 3$ ←素数ではない

最後の例のように、素数２と素数３の積ですら素数ではありません。それでは、積 ab が素数となる a、b のペアを１つ挙げてみてください！

$a = 1$、$b = 2$ のとき　$ab = 1 \cdot 2 = 2$ ←素数

となります。ということで、n と $n^2 + 10n + 20$ の積が素数となるのは、その符号も考慮すると、次の４パターンしかありえません。ここで「－素数」とは、素数の－１倍を意味することとします。

	n	$n^2+10n+20$
①	1	素数
②	素数	1
③	－1	－素数
④	－素数	－1

それぞれの場合について、計算を進めます。

①$n = 1$ のとき

$$n^2 + 10n + 20 = 1^2 + 10 \cdot 1 + 20 = 31$$

31は素数なので、条件を満たします。

②$n^2 + 10n + 20 = 1$ のとき

解の公式より、$n = \dfrac{-10 \pm \sqrt{10^2 - 4 \cdot 1 \cdot 20}}{2 \cdot 1}$

$$= \frac{-10 \pm 2\sqrt{5}}{2}$$

$$= -5 \pm \sqrt{5}$$

これはもちろん素数ではありません（整数ですらありません）。

③ $n = -1$ のとき

$$n^2 + 10n + 20 = (-1)^2 + 10 \cdot (-1) + 20$$
$$= 1 - 10 + 20 = 11$$

これは、－素数ではありません。

④ $n^2 + 10n + 20 = -1$ のとき

この2次方程式を解きます。

$$n^2 + 10n + 21 = 0$$
$$(n + 7)(n + 3) = 0$$
$$n = -7、-3$$

これらは－素数なので、条件を満たします。

①～④より、　$n = -7、-3、1$

問題3－10は、実験や整数問題の技法、（問題文に含まれていたとはいえ）素数の定義等を組み合わせることによって解くことができました。問題を1問解いた経験を、単独の「点」としてではなく、

- 実験、整数問題の技法 → 汎用性の高い問題への向き合い方
- 素数の定義 → 定義から始まる数学への向き合い方

について習熟する機会として重視し、「一を聞いて十を知る」のように、「1問解いて10問解ける」ようになることにつなげていきましょう。

閑話重大　実験

問題 3－9、10 では、「実験」の重要性に触れました。「実験＋理論＝科学の両輪」であり、これらが揃って、科学が発展してきました。

実験 → 理論の例：地動説

膨大な天体の（実験ではありませんが）観測結果と合致するように、天動説をあらためた

理論 → 実験の例：重力波

1916 年に、一般相対性理論に基づいてアインシュタインが重力波の存在を予言し、そのちょうど 100 年後の 2016 年に検出された

アインシュタインはまた、「手鏡に自分の顔を映しながら光速と同じ速さで走ったら、鏡に自分の顔が映るのか？」という「思考実験」から、1905 年に特殊相対性理論を発見しました。これらの例から、「実験」の重要性がおわかりかと思います。アインシュタインが、特殊相対性理論から一般相対性理論へと進んだように、数学の問題を解くにあたっても「特殊な場合で手を動かして、一般化する」という流れで臨みたいところです。

しかし、注意点があります。相対性理論においても、特殊相対性理論の発表が 1905 年、それを発展させた一般相対性理論の発表が 1915～1916 年と、特殊と一般の間には 10 年の開きがあります。

「特殊 → 一般」へ歩を進めるのは容易ではなく、安易におこなうことは危険でもあります。ここで、

　　オイラーの素数生成（多項）式　$n^2 - n + 41$

について考えてみましょう。これは、すべての自然数において、素数を生成することができるでしょうか？

$n = 1$ のとき　$1^2 - 1 + 41 = 41$　素数
$n = 2$ のとき　$2^2 - 2 + 41 = 43$　素数
$n = 3$ のとき　$3^2 - 3 + 41 = 47$　素数
$n = 4$ のとき　$4^2 - 4 + 41 = 53$　素数
$n = 5$ のとき　$5^2 - 5 + 41 = 61$　素数

です。しかし、

$n = 41$ のとき　$41^2 - 41 + 41 = 41^2\ (= 1681)$

で、これは素数ではありません。じつは、この式は $n = 1$ から $n = 40$ までは素数を生成しますが、$n = 41$ のときに初めて素数でなくなります。補足すると、

$$
\begin{aligned}
n = 42 \text{ のとき}\quad 42^2 - 42 + 41 &= 42(42 - 1) + 41 \\
&= (42 + 1)41 \\
&(= 43 \cdot 41 = 1763)
\end{aligned}
$$

ですから、41 と 43 で割り切れ、素数ではありません。さらに、

$n = 43$ のとき　$43^2 - 43 + 41 = 1847$　素数

です。このように、$n = 41$、42 のときに素数ではありませんが、それ以降も素数が生成できる場合は数多くあります。

35ページで紹介した「帰納」でも扱いましたが、今回の例のように、いくつかの「特殊」な場合で正しいことは、「一般」的に正しいことを保証するものではありません。「実験」と「帰納と演繹」の関係をまとめると、次のようなイメージになります。

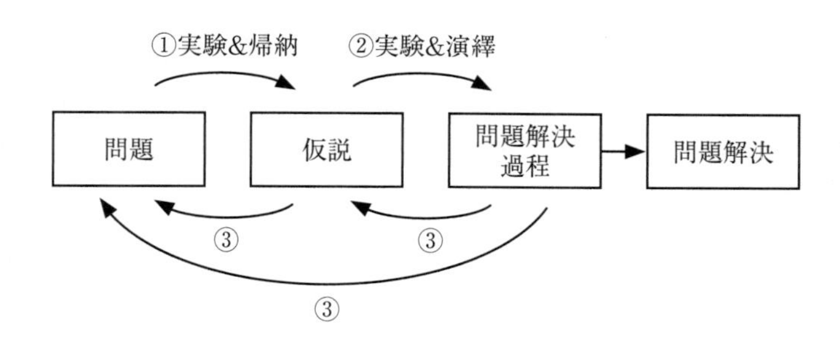

①実験を前提とした帰納（仮説推論）により、仮説を立てる
ことが多く、ときには、演繹の途中でつまずいたときに、
②実験でアイデアを得ながら、演繹を進める
こともあります。そして、
③仮説が間違っていた、演繹に行き詰まったため引き返す
こともあります。「帰納」の結論（「仮説推論」の仮説）は、正しいとは限らないので、この「2歩進んで1歩戻る」等のプロセスも重要です。

「戻る」ことは、決して失敗ではありません。一度は進んだ経験から、次の1歩を踏み出すのが前回よりも容易になるからです。

もちろん、新たなアイデアが出ず、手詰まりになることもあるでしょう。しかし、「この方向に進むと行き止まりだ」

という反省的な言語化により、他の方向への歩みが促されることで、必ず解決に近づきます。

大学入試問題は1問あたり20〜30分が標準ですから、頭を抱えて考え込むのではなく、どんどん手を動かして「実験」し、「特殊 → 一般」へと進んでいきましょう。

「百聞は一見に如かず」ならぬ、「百聞は一験に如かず」なのです。

第4章 「数学的思考力」を身につける

4-1 論理性――「意識的」に「ゆっくり」考える

本章は、「思考＝知識の活用」がメインテーマです。「利用」ではなく「活用」ですから、既知を活用して、初見の問題を解決することを目指します。

そのために、「初見の問題 $\xrightarrow{\text{分解}}$ 既知 $\xrightarrow{\text{統合}}$ 問題解決」という流れが基本になります。あり合わせのものでしのぐ「ブリコラージュ」の力を鍛えましょう。

本節の主役である「論理性」は、4－3節で取り上げる「数学的な直感」と、表裏一体です。磁石のN極とS極のように、2つに分けることはできません。しかし、本節では直感に頼ると危険な問題を題材として、論理の力を実感していただければと思います。

直感的思考と論理的思考を比較すると、次のようになります。

●直感的思考≒帰納

　無意識、速い、(論理的思考と比較して) 間違いやすい

●論理的思考≒演繹

　意識的、ゆっくり、(飛躍等がなければ) 正しい

無意識にはたらく直感的思考に頼らず、「意識的にゆっくり考える」ことが大切です。

101ページの背理法でも少し触れた高校数学の「論理」の内容を簡単に整理します。
「命題」とは、正しいか正しくないかが明確に決まる文や式のことです。「真」は正しい、「偽」は正しくない、です。

数学における「真」とは、「100%正しい」ということであり、「ただ一つの例外も許さない」ことになります。これが、「数学は厳密だから難しい」と敬遠されがちな理由の一つだと思いますが、厳密であるがゆえのメリットがあります。それは、「正しくなければ理由を示せ」と求められたときに、「反例（正しくない例）」を１つ挙げればよいことです。

まさにその方法でアプローチできる問題4-1を通して、論理性の解説を進めます。

問題 4-1

2012 京都大学文系前期（小問を１問カット）

次の命題について、正しいかどうか答えよ。正しければ証明し、正しくなければ反例を挙げて正しくないことを説明せよ。

△ ABC と△ A′B′C′ において、

　AB = A′B′、BC = B′C′、∠ A =∠ A′

ならば、これら２つの三角形は合同である。

解答 4-1

このような２つの三角形を描いてみると、たとえば次図のようになります。

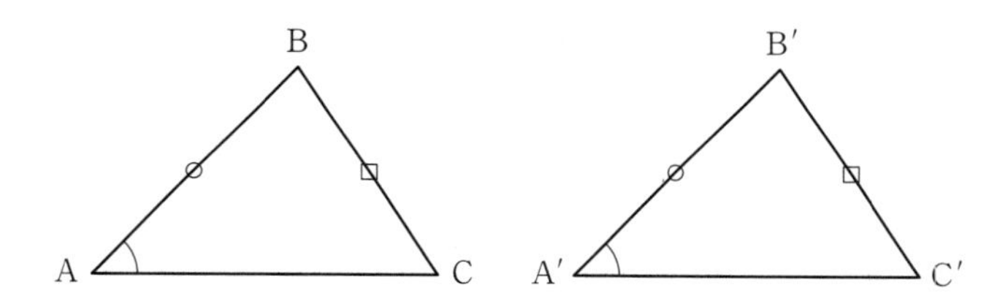

この図に示した2つの三角形は合同ですが、2辺と角が1つ等しい（AB = A′B′、BC = B′C′、∠A = ∠A′）ならば「必ず」合同なのでしょうか？

直感も大切ですが、それと同時に、基本的な数学の知識に基づいた「論理性」も大切です。数学の基本的な知識である三角形の合同条件は、以下のとおりです。

①3辺がそれぞれ等しい
②2辺とその間の角がそれぞれ等しい
③1辺とその両端の角がそれぞれ等しい

この問題の状況は②に似てはいますが、等しい角は「2辺の間の角」ではありません。したがって「合同ではない」と考えられます。そこで反例として、「2辺とその間でない角がそれぞれ等しいが、合同ではない例」を挙げます。

次図に、BA > BC のときの例を挙げました。BA ≦ BC のときは、このような C′ を辺 AC 上にとることはできません。

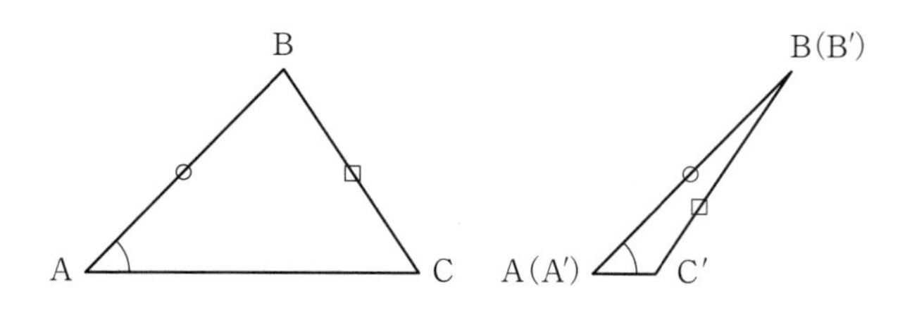

頂点Bを中心とする円を描き加えると、わかりやすいでしょう。

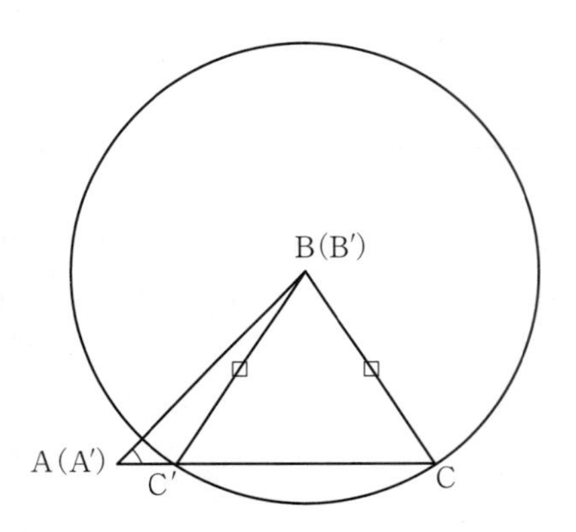

このように、反例を1つ挙げることにより、この問題の命題は正しくないと証明することができました（反例1つで証明がすんでしまうなんて、数学って素晴らしいと思いませんか？）。

この問題を通して、論理性についての理解が深まったでしょうか？　直感と論理の両方が大切ですので、いずれかに偏らず、バランスよく数学に向き合いましょう。

問題4－1に関連して、「③1辺とその両端の角がそれぞれ等しい」は「両端の角」でないと合同ではないのか、という問いを深めてみましょう。

三角形の内角の和は180°なので、両端ではなくても2つの角がそれぞれ等しければ、もう1つの角も自動的に等しくなります。必然的に両端の角も等しくなり、合同条件を満たすので、合同になります。

続いてもう1問、論理性に関わる問題を解いてみましょう。

問題 4-2

1980 京都大学文系

A君は次のように考えた。

「さいころを6回ふることにする。$m = 1$、2、3、4、5、6のおのおのについて、m回目に1の目が出る確率は$\frac{1}{6}$である。したがって、6回のうちに少なくとも1回1の目が出る確率は

$\frac{1}{6}+\frac{1}{6}+\frac{1}{6}+\frac{1}{6}+\frac{1}{6}+\frac{1}{6}=1$である。すなわち、

さいころを6回ふれば少なくとも1回は1の目が出る。」

A君の考えは正しいかどうかをいえ。もし正しくないならば、誤りの原因を、なるべく簡潔に指摘せよ。

解答 4-2

すごろくをしていて、さいころを5回ふって1回も1の目が出ないと、「次こそは1の目が出るはず」と思う気持ちは、痛いほどよくわかります。これと似た例として、「賭博者の錯誤」とよばれる心理現象があります。

賭博者の錯誤とは、コインを投げて何回か続けて「表」が出ると、次は「裏」のほうが出やすくなると考えてしまうような心理現象です。ルーレットで「奇数」が続いたら、次は「偶数」が出やすいと考えるのも同様です。錯誤というだけあって、この賭博者の考えは間違っています。それでは、A

君の考えはどうでしょうか？

A 君の考えも間違いです。その誤りの原因の前に、「6 回のうちに少なくとも 1 回は 1 の目が出る確率」を正しく求めてみましょう。

その確率は、「1」から「1 回も 1 の目が出ない確率」を引けば求めることができ、

$$1 - \left(\frac{5}{6}\right)^6 = 1 - \frac{15625}{46656} = \frac{31031}{46656} \fallingdotseq 0.67 \neq 1$$

です。このことから、理論的には、6 回中少なくとも 1 回は 1 の目が出ることは、3 回に 2 回ほど起こります！　それでは、A 君の考えの誤りの原因を探ります。

「1 回目に 1 の目が出ること」と、「2 回目に 1 の目が出ること」は同時に起こりえます。つまり、この問題の解答である誤りの原因は、「同時に起こることの確率を、それらの足し算のみで求めている」点にあります（同時に起こらないことを、高校数学では「排反」といいます）。

この問題は回数が「6 回」と多いので、簡単な問題に改題して、「2 回」のうちに少なくとも 1 回は 1 の目が出る確率を求めるなかで、この原因を説明していきます。

「2 回」のうちに少なくとも 1 回は 1 の目が出るのは、

①1 回目にだけ 1 の目が出る

②2 回目にだけ 1 の目が出る

③1 回目と 2 回目に 1 の目が出る

の 3 つの場合があります。これらは同時には起こらないので、それぞれの確率を求めて足し算をすると、

$$\underset{\substack{\uparrow \\ ①}}{\underline{\frac{1}{6}\cdot\frac{5}{6}}}+\underset{\substack{\uparrow \\ ②}}{\underline{\underline{\frac{5}{6}\cdot\frac{1}{6}}}}+\underset{\substack{\uparrow \\ ③}}{\underline{\frac{1}{6}\cdot\frac{1}{6}}}=\frac{11}{36}\quad\cdots\cdots\bigcirc$$

と求めることができます（この正しい式を○とします）。これは、

Ⓐ１回目に１の目が出る
Ⓑ２回目に１の目が出る

の和である

$$\underset{\substack{\uparrow \\ Ⓐ}}{\underline{\frac{1}{6}}}+\underset{\substack{\uparrow \\ Ⓑ}}{\underline{\underline{\frac{1}{6}}}}=\frac{1}{3}\quad\cdots\cdots\times$$

とは異なります（この誤った式を×とします）。

○の式で求めれば正解ですが、×の式に“あるアイデア”を加えることでも正解を得ることができます。どのようなアイデアでしょうか？

×の式では、次の表のように確率を求めています。

	２回目に１の目が出る	２回目に１の目が出ない
１回目に１の目が出る	ⒶⒷ	Ⓐ
１回目に１の目が出ない	Ⓑ	

このように、「１回目に１の目が出る『かつ』２回目に１の

目が出る」確率を「ダブルカウント」していることで、確率の計算結果が大きくなったのです。そこで、この問題を解決するために、ダブルカウントする代わりに、ワンカウント分「引く」ことにします。

「引く」ことになるのは「1回目に1の目が出る、かつ、2回目に1の目が出る確率」ですから、その確率は、

$$\frac{1}{6} \cdot \frac{1}{6} = \underset{\sim\sim}{\frac{1}{36}}$$

です。したがって、×の式から、この確率を引くと、

$$\frac{1}{6} + \frac{1}{6} - \underset{\sim\sim}{\frac{1}{36}} = \frac{1}{3} - \frac{1}{36} = \frac{11}{36}$$

となり、正解が得られます。この「大きいパーツから余分を引く」技法は136ページと同様です。

この例のように、「同時に起こることの確率を、それらの足し算のみで求める」と、正解に到達できません。大学入試問題の大部分において、「確率は足し算やかけ算で求める」ことができますが、それができるのは「いつ」「なぜ」なのか、これらをしっかりと理解していることが大切です。直感に頼らず、「基本的な数学の知識」と「基本的な数学の技法」をマスターし、「意識的」に「ゆっくり」考えましょう。

4-2 計算力――「思考をともなう」計算力

高校数学には、中学数学にはない「微分積分などのさまざまな計算」が含まれるため、純粋にその計算力を問う出題もなされます。2019年に東京大学理科前期において、(初め

て？）純粋な計算問題が出たことは、その年の大学入試における1つのトピックでした。その問題とは、

次の定積分を求めよ。

$$\int_0^1 \left(x^2 + \frac{x}{\sqrt{1+x^2}}\right)\left(1 + \frac{x}{(1+x^2)\sqrt{1+x^2}}\right) dx$$

というものです。純粋な計算問題ではありますが、計算手段の選択という判断力を問われる問題でもありました。数年に一度、教科書レベルの問題が出題される京都大学でも、偶然（？）にも同じ2019年に、理系のある大問の一部の小問において、

次の定積分の値を求めよ。

（i）$\displaystyle\int_0^{\frac{\pi}{4}} \frac{x}{\cos^2 x}dx$　（ii）$\displaystyle\int_0^{\frac{\pi}{4}} \frac{dx}{\cos x}$

という問題が出題されました。両大学からの、「最近の受験生は、このような計算力で差がついています。ただの計算とバカにせず、基礎を大切にしてください」という、受験生や教師等に向けたメッセージだったと思います。

とはいえ、本書では「中学数学の大学入試問題」を扱っていますから、高校で学習する計算は要求されません。本書で要求されるのは、「先を見通した計算」や「図形と絡めた計算（図形的意味を考慮するセンス）」、「ミスを減らす工夫」といった、「思考をともなう計算力」です。

問題 4-3

1958 東京大学理科1次

次の□の中に適当な数を記入せよ。

3直線 $2y = x + \square$、$y = \square x + 4$、

$\square y = \square x + 1$ が囲む三角形の2つの頂点は

(0, 6)、(2, 0) である。

解答 4-3

問題文中の三角形の2つの頂点は、次図のような位置にあります。

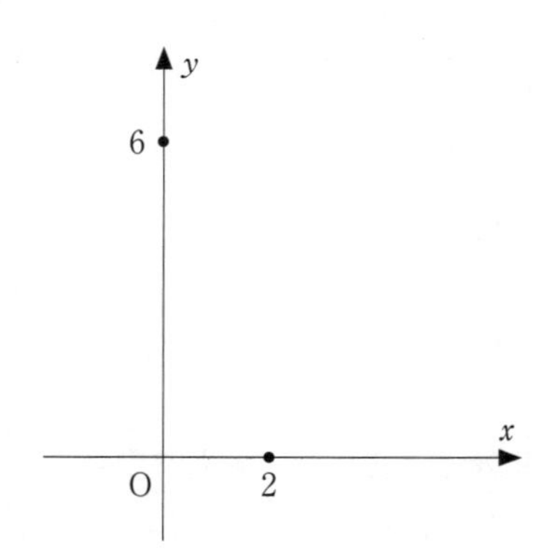

この図を頭に入れながら、□のある3直線について考えてみましょう。

直線 $y = \square x + 4$ は、傾きが□、切片が4なので、点 (0, 6) を通ることはありません。ということは、点 (2, 0) を通ることになるので、直線の方程式に $x = 2$、$y = 0$ を代入すると、

$$0 = \square \cdot 2 + 4$$
$$-2\square = 4$$
$$\square = -2$$

この直線を前図に描き加えると、次図のようになります。

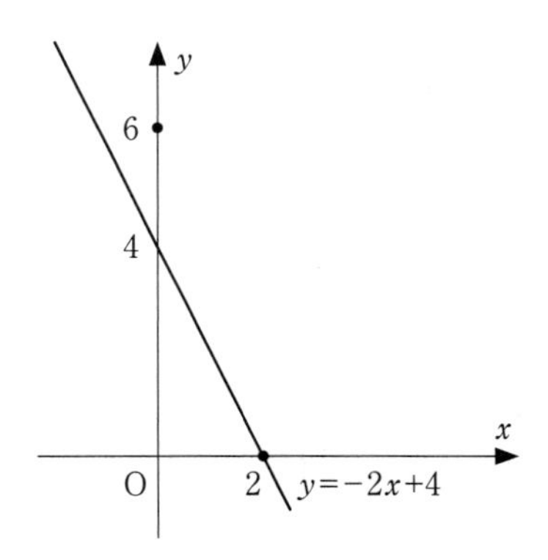

３直線が囲む三角形の頂点の１つが（0, 6）なので、残る２直線 $2y = x + \square$、$\square y = \square x + 1$ は、ともに点（0, 6）を通ることになります。そこで、これらの直線の方程式に $x = 0$、$y = 6$ を代入します。まず、□が１つしかない $2y = x + \square$ に代入すると、

$$2 \cdot 6 = 0 + \square$$
$$\square = 12$$

よって、この直線の方程式は、　$2y = x + 12$

すなわち、　$y = \frac{1}{2}x + 6$

これを前図に描き加えると、次図のようになります。

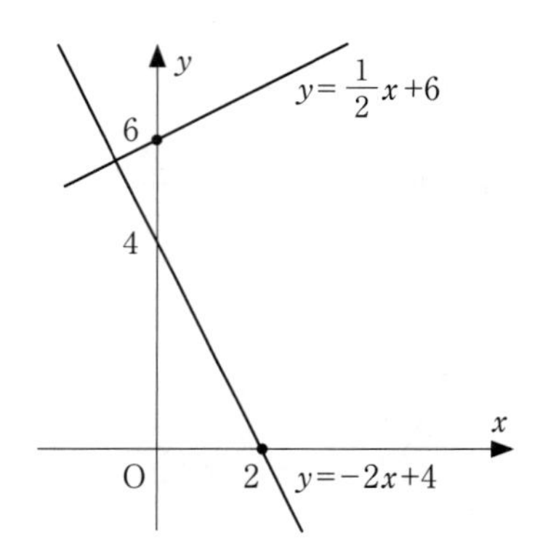

前図に、まだ方程式がわかっていないもう1本の直線を描き加えると、問題文中の三角形は次図のようになります。

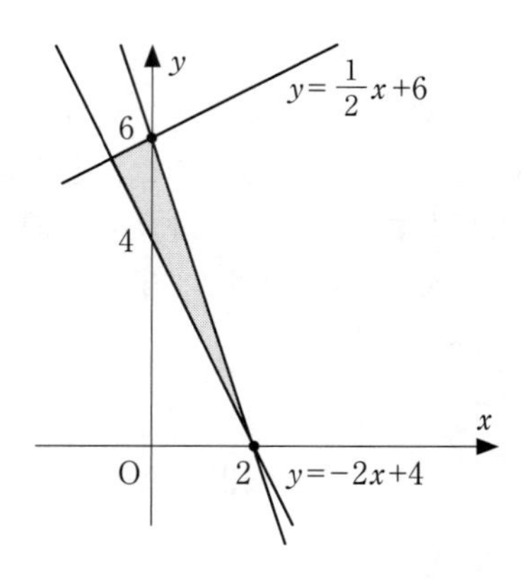

よって、$\square y=\square x+1$は、点(0, 6)、(2, 0) を通るので、これらを代入します。

$x = 0$、$y = 6$ を代入すると、

$$\square \cdot 6 = \square \cdot 0 + 1$$
$$6\square = 1$$
$$\square = \frac{1}{6}$$

ということで、 $$\frac{1}{6}y = \square x + 1$$

$$y = 6\square x + 6$$

続いて、$x = 2$、$y = 0$ を代入すると、

$$0 = 6 \cdot \square \cdot 2 + 6$$
$$-12\square = 6$$
$$\square = -\frac{1}{2}$$

これで、すべての□が適当な数で埋まりました。３本目の直線の方程式は、次のようになります。

$$y = 6 \cdot \left(-\frac{1}{2}\right)x + 6$$

すなわち、 $$y = -3x + 6$$

先ほどの図に、３本目の直線の方程式を書き加え、確認のために図にすると、次図のようになります。

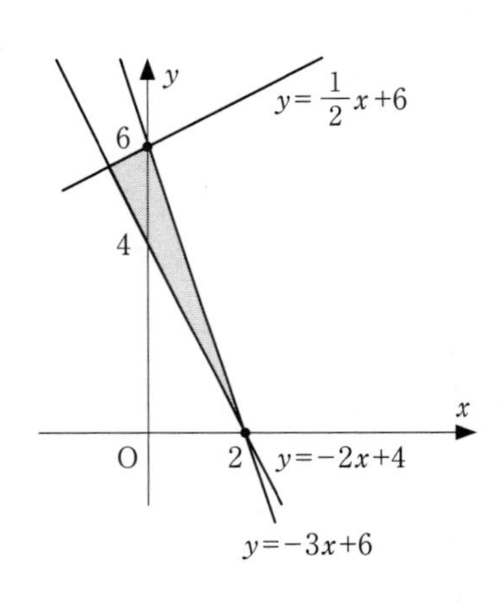

「直線の『方程式』」と「座標平面上に『図示された直線』」がリンクしていることが大切です。また、□の配置から、「どの条件を」「どの式に」「どの順に」組み合わせるか、という見通しを立てることが要求されました。この問題を解くにあたり、「計算力」を通して求められている力は、純粋な計算力ではないことがおわかりになったことと思います。

問題 4-4　**1957 東京大学2次**

原点を通る直線が、3点A $(1,\ 0)$、B $(0,\ 1)$、C $\left(\frac{3}{2},\ 0\right)$ を頂点とする三角形を、面積の等しい2つの部分に分けるとき、その直線の勾配（傾き）を求めよ。

解答 4-4　3点A $(1,\ 0)$、B $(0,\ 1)$、C $\left(\frac{3}{2},\ 0\right)$ を頂点とす

る三角形は、次図に示すアミをかけた部分の三角形です。

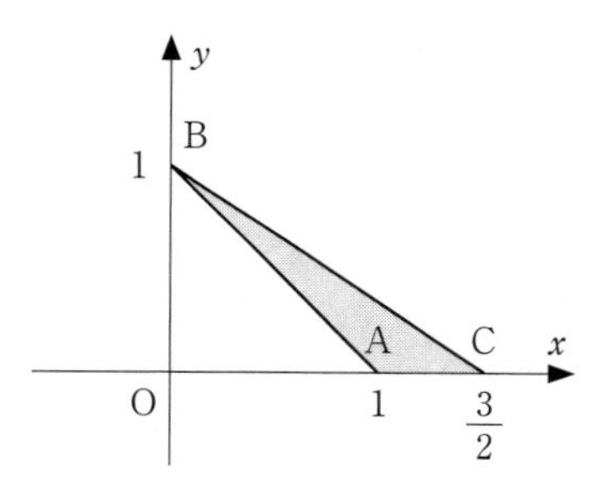

原点を通る直線が、この三角形を面積の等しい２つの部分に分けるとき、次図のようになります。

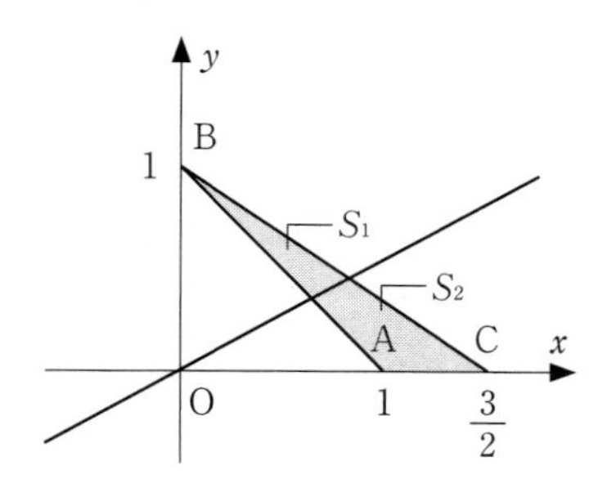

原点を通る直線の方程式を $y = mx$ とします。この問題では、前図のアミをかけた部分の、三角形と四角形の面積が等しくなることをどのような数式で表すか、という「思考をともなう計算力」が問われています！

安直に $S_1 = S_2$ とすると、計算量が多くなります。S_2 は、平行四辺形や台形のような面積の計算が容易な四角形ではな

いので、数式に入れたくありません。そこで、

$$\frac{1}{2}(S_1 + S_2) = S_1 \quad \cdots\cdots☆$$

とします。こうすると、「大きい三角形の面積 $(S_1 + S_2)$」と「小さい三角形の面積 (S_1)」という２つの三角形の面積のみで、問題の条件を数式で表すことができます。

$S_1 + S_2$ から求めていきます。この三角形の面積は、どこを底辺とし、どこを高さとして計算すればいいでしょうか？

次図のように考えると楽です。

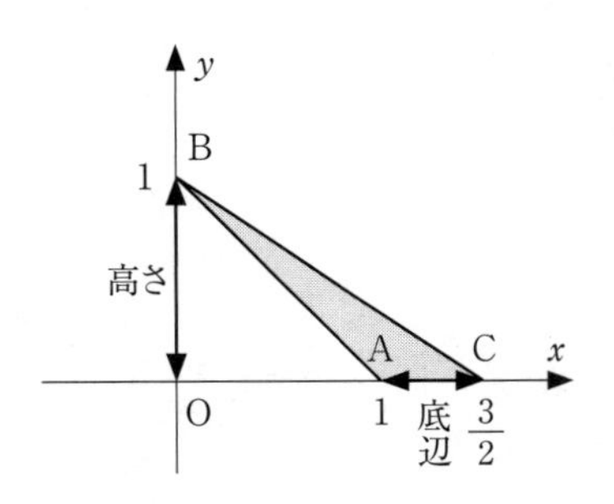

よって、 $$S_1 + S_2 = \frac{1}{2} \cdot \underset{\text{底辺}}{\underline{\frac{1}{2}}} \cdot \underset{\text{高さ}}{1} = \frac{1}{4} \quad \cdots\cdots①$$

続いて、次図のアミをかけた部分の面積 S_1 は、どのように求めましょうか？

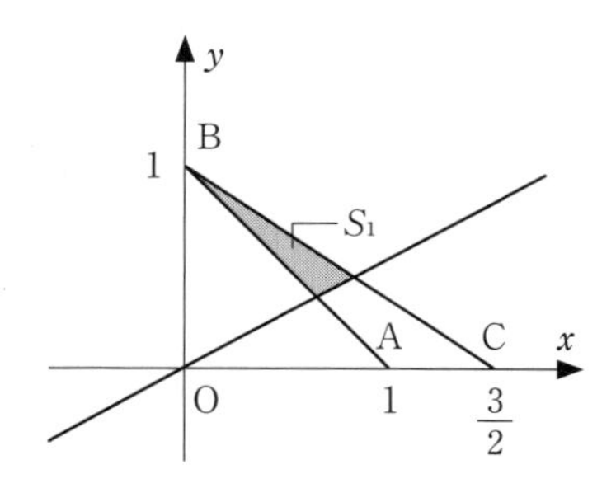

この三角形の３辺のいずれかを底辺と考えると、底辺も高さも座標軸に対して斜めになり、計算量が多くなります。そこで、「大きいパーツから余分を引く」を意識して、「計算可能な（計算が容易な）複数のパーツの組み合わせ」を考えます。

ここも、「思考をともなう計算力」が真価を発揮する場面となり、次図のように、2 つの三角形の組み合わせとします。

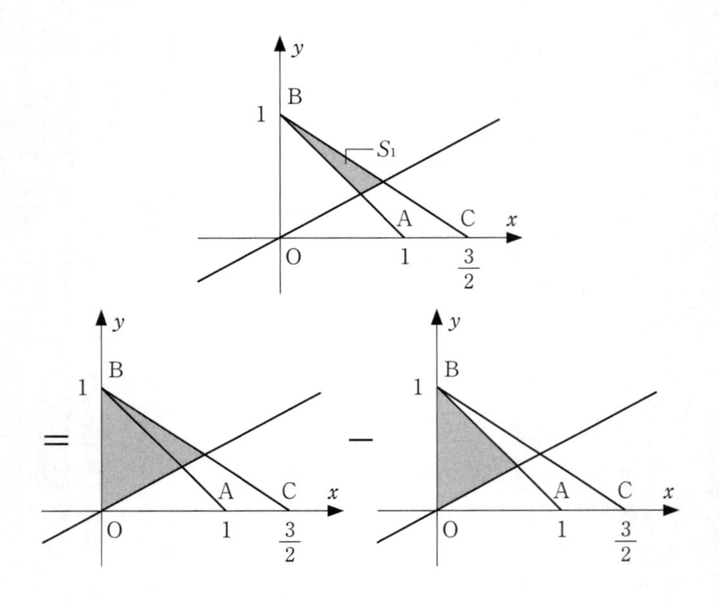

このように考えることにより、長さが1である線分OBを底辺とすると、面積を求める計算がずいぶん簡単になります。

次図の2点のx座標が求まれば、2つの三角形の面積が計算できます。図中には、3つの直線の方程式も書き込んでおきます。

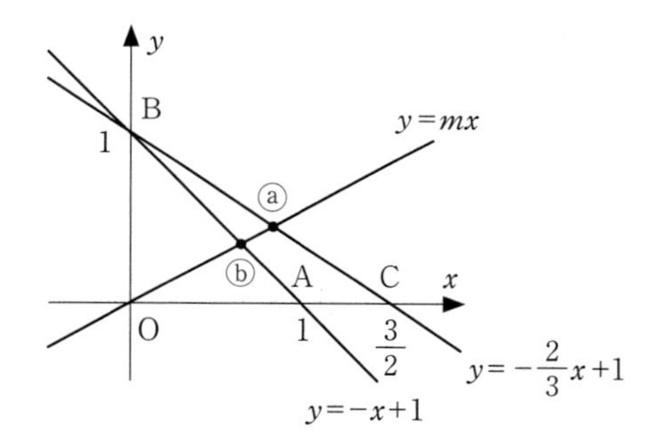

よって、これら２点のx座標は、次の連立方程式ⓐ、ⓑを解いたときのxの値です。連立方程式を解く前に、mの値の範囲は、図から$m > 0$であることを確認しておきましょう。

ⓐ $\begin{cases} y = mx \\ y = -\dfrac{2}{3}x + 1 \end{cases}$　　ⓑ $\begin{cases} y = mx \\ y = -x + 1 \end{cases}$

ⓐでyを消去すると、

$$mx = -\frac{2}{3}x + 1$$

$$3mx = -2x + 3$$

$$(3m + 2)x = 3$$

この両辺を$3m + 2$で割って$x =$○、としたいところですが、０で割ることはできません。そこで、両辺を$3m + 2$で割る前に、$3m + 2 \neq 0$であることを確認します。

$m > 0$ということは、$3m + 2 > 2 > 0$なので、
$3m + 2 \neq 0$です。したがって$3m + 2$で割ることができ、

この両辺を $3m+2$ で割ると、

$$x = \frac{3}{3m+2} \quad \cdots\cdots②$$

　続いて、ⓑで y を消去すると、

$$mx = -x + 1$$
$$(m+1)x = 1$$

$m > 0$ から $m+1 > 1 > 0$ なので、$m+1 \neq 0$ ですからこの両辺を $m+1$ で割ると、

$$x = \frac{1}{m+1} \quad \cdots\cdots③$$

②、③より、 $S_1 = \frac{1}{2} \cdot 1 \cdot \frac{3}{3m+2} - \frac{1}{2} \cdot 1 \cdot \frac{1}{m+1}$

$$= \frac{1}{2}\left(\frac{3}{3m+2} - \frac{1}{m+1}\right) \quad \cdots\cdots④$$

$\frac{1}{2}(S_1 + S_2) = S_1$……☆に、①、④を代入すると、

$$\frac{1}{2} \cdot \frac{1}{4} = \frac{1}{2}\left(\frac{3}{3m+2} - \frac{1}{m+1}\right)$$

両辺に $8(3m+2)(m+1)$ をかけると、

$$(3m+2)(m+1) = 4\{3(m+1) - (3m+2)\}$$
$$3m^2 + 5m + 2 = 4$$

$$3m^2 + 5m - 2 = 0$$

解の公式を用いると、

$$m = \frac{-5 \pm \sqrt{5^2 - 4 \cdot 3 \cdot (-2)}}{2 \cdot 3} = \frac{-5 \pm 7}{6} = \frac{1}{3}、-2$$

（2次方程式 $3m^2 + 5m - 2 = 0$ は、高校で学習する「たすきがけ」により左辺を因数分解すると、

$$(m + 2)(3m - 1) = 0$$

$$\begin{array}{cccc} 1 & \diagdown\!\!\!\!\diagup & 2 & \rightarrow \;\; 6 \\ 3 & & -1 & \rightarrow -1 \\ \hline 3 & & -2 & \;\;\;\;\;\; 5 \end{array}$$

よって、$m = -2$、$\frac{1}{3}$ と解くこともできます）

$m > 0$ でしたから、　$m = \frac{1}{3}$

よって、求める直線の勾配（傾き）は、$\frac{1}{3}$

このように、大学入試問題で求められる「計算力」は、ただ単に計算する力ではなく、「思考力や図形的センスも合わせた力」です。計算量を減らし、さらに計算ミスを減らすためにも、このような点を考慮しながら「先を見通した思考力をともなう計算力」を目指しましょう。

4-3 数学的な直感——ひらめきには「助走」が要る

大学入試では、1問あたり20〜30分で解答することが要求されます。ということは、いかに「数学的な『直感』」を問う問題であっても、問題文を読んですぐに答えがわかるというものではありません。

数学的な直感とは、初めて見た問題を、具体例を通して一般に拡張するときに、「具体から一般へと飛躍する力」です(同時に、間違った方向へ飛躍しない力でもあります)。すなわち、実験(試行錯誤)をしながら、これまでに説明した「基本的な数学の知識」「論理性」「計算力」を活用したうえでの「直感」ということになります。

110ページで紹介した京都大学の出題意図でも、数学に関する多様な基礎学力を列挙する中で、「論理性、計算力、数学的な直感、数学的な表現」と、数学的な直感を、論理性、計算力の後に挙げているのは、こういった理由からだと思います。それではまず、「計算問題」を通して「数学的な直感」を説明します。

問題 4-5 **1966 東京大学文科 1次**

次の□にあてはまる数は何か。ある正の数 a に対して、連立1次方程式

$$
\begin{aligned}
x + y + z &= 4 \\
(a-4)x + y + 5z &= 0 \\
-x + ay + z &= 0 \\
-3x + y + (a+4)z &= 0
\end{aligned}
$$

が、$x \neq 0$、$y \neq 0$、$z \neq 0$ であるような解をもつ

ならば、a =□、x =□、y =□、z =□である。

ある正の数aが係数に含まれた連立３元１次方程式です。中学数学を超えたレベルではありますが、代入法、加減法を適切に使って解く点は、30ページの問題1－6と変わりありません。

方程式に番号を振っておきます。

$$
\begin{aligned}
x + y + z &= 4 \quad \cdots\cdots ① \\
(a-4)x + y + 5z &= 0 \quad \cdots\cdots ② \\
-x + ay + z &= 0 \quad \cdots\cdots ③ \\
-3x + y + (a+4)z &= 0 \quad \cdots\cdots ④
\end{aligned}
$$

係数がバラバラ、xとyとzのいずれの係数にもaが含まれています。いかにも難しそうに見えますが、ここで「(類題の経験からの）数学的な直感」をはたらかせます。0で割ることはできないので、問題文中の

ある正の数a⇒正の数なので、もちろん$a \neq 0$

$x \neq 0$、$y \neq 0$、$z \neq 0$

は、方程式の両辺をa、x、y、zで割ることができるようにしてくれている、と予想します。そして、①は右辺が4なので、これを極力絡めないように、②～④を主体に解くことを考えます。

「最も係数が簡単なyを残す」ことを意識して計算を進めます。まずzを消去して、x、yの連立２元１次方程式を用意します。

②－５×③より、

$$
\begin{array}{rrrl}
 & (a-4)x + & y + 5z = 0 & \\
-) & -5x + & 5ay + 5z = 0 & \\
\hline
 & (a+1)x + & (1-5a)y \quad = 0 & \cdots\cdots⑤
\end{array}
$$

$(a+4)\times$②$-5\times$④より、

$$
\begin{array}{rrrl}
 & (a^2-16)x + & (a+4)y + 5(a+4)z = 0 & \\
-) & -15x + & 5y + 5(a+4)z = 0 & \\
\hline
 & (a^2-1)x + & (a-1)y \quad = 0 & \cdots\cdots⑥
\end{array}
$$

これで、x、yの連立2元1次方程式が用意できましたので、yが残るように、⑤、⑥からxを消去します。

$(a-1)\times$⑤$-$⑥より、

$$
\begin{array}{rrr}
 & (a^2-1)x + & (-5a^2+6a-1)y = 0 \\
-) & (a^2-1)x + & (a-1)y = 0 \\
\hline
 & & (-5a^2+5a)y = 0
\end{array}
$$

よって、 $(-a^2+a)y=0$

$(a^2-a)y=0$

$a(a-1)y=0$

予想どおりの展開になったので、この両辺をay（$a>0$、$y\neq 0$なので$ay\neq 0$です）で割ると、 $a=1$です。

あとは、 $x+y+z=4$ ……①

③において$a=1$とした $-x+y+z=0$ ……③′

⑤において$a=1$とした $2x-4y=0$

すなわち、 $x-2y=0$ ……⑤′

①、③′、⑤′は、連立3元1次方程式なので、あとは30ページの問題1－6と同様に解きます。
①－③′より、

$$\begin{array}{rr} & x + y + z = 4 \\ -) & -x + y + z = 0 \\ \hline & 2x \qquad\quad = 4 \\ & x = 2 \end{array}$$

このとき、⑤′より、 $2 - 2y = 0$

$$y = 1$$

残る z は、これらを①に代入して、$2 + 1 + z = 4$

$$z = 1$$

よって、　$a = 1$、$x = 2$、$y = 1$、$z = 1$

係数に文字 a が含まれた連立3元1次方程式を解く問題だったとはいえ、計算問題にも、計算力に加えて「数学的な直感」が求められると感じられたことと思います。

問題 4-6　**2016 京都大学理系前期**（改）

素数 p、q を用いて $p^q + q^p$ と表される素数を1つ求めよ。

解答 4-6　問題3－9、10に続いて、問題文に「素数」が登場しました。今回は、素数に関わる基礎を確認します。素数の定義は、「2以上の自然数で、1とそれ自身以外に正の約数をもたない数」でした。

それでは、1から100までの素数を列挙してみてください。たった100までの数でも、たとえば89が素数かどうかを即座に判断することは簡単ではありません。素因数分解が難しいことは、RSA暗号の技術的背景になるほどです。

ここで、素数の分布について知るために「エラトステネスのふるい」を紹介します。1から100までの自然数をこの「ふるい」にかけていって、最終的に○がついている数が素数です。

まず、素数には含まれない「1」に×をつけます。

~~1~~	2	3	4	5	6	7	8	9	10
11	12	13	14	15	16	17	18	19	20
21	22	23	24	25	26	27	28	29	30
31	32	33	34	35	36	37	38	39	40
41	42	43	44	45	46	47	48	49	50
51	52	53	54	55	56	57	58	59	60
61	62	63	64	65	66	67	68	69	70
71	72	73	74	75	76	77	78	79	80
81	82	83	84	85	86	87	88	89	90
91	92	93	94	95	96	97	98	99	100

次に素数である「2」に○をつけ、続いて２以外の偶数（2の倍数）は、「1とそれ自身に加えて、少なくとも２を約数にもつ」ので素数ではなく、×をつけます。

~~1~~	2	3	~~4~~	5	~~6~~	7	~~8~~	9	~~10~~
11	~~12~~	13	~~14~~	15	~~16~~	17	~~18~~	19	~~20~~
21	~~22~~	23	~~24~~	25	~~26~~	27	~~28~~	29	~~30~~
31	~~32~~	33	~~34~~	35	~~36~~	37	~~38~~	39	~~40~~
41	~~42~~	43	~~44~~	45	~~46~~	47	~~48~~	49	~~50~~
51	~~52~~	53	~~54~~	55	~~56~~	57	~~58~~	59	~~60~~
61	~~62~~	63	~~64~~	65	~~66~~	67	~~68~~	69	~~70~~
71	~~72~~	73	~~74~~	75	~~76~~	77	~~78~~	79	~~80~~
81	~~82~~	83	~~84~~	85	~~86~~	87	~~88~~	89	~~90~~
91	~~92~~	93	~~94~~	95	~~96~~	97	~~98~~	99	~~100~~

続いてやはり素数である「3」に○をつけ、３以外の３の倍数は「1とそれ自身に加えて、少なくとも３を約数にもつ」ので×をつけます。

~~1~~	②	③	~~4~~	5	~~6~~	7	~~8~~	~~9~~	~~10~~
11	~~12~~	13	~~14~~	~~15~~	~~16~~	17	~~18~~	19	~~20~~
~~21~~	~~22~~	23	~~24~~	25	~~26~~	~~27~~	~~28~~	29	~~30~~
31	~~32~~	~~33~~	~~34~~	35	~~36~~	37	~~38~~	~~39~~	~~40~~
41	~~42~~	43	~~44~~	~~45~~	~~46~~	47	~~48~~	~~49~~	~~50~~
~~51~~	~~52~~	53	~~54~~	55	~~56~~	~~57~~	~~58~~	59	~~60~~
61	~~62~~	~~63~~	~~64~~	65	~~66~~	67	~~68~~	~~69~~	~~70~~
71	~~72~~	73	~~74~~	~~75~~	~~76~~	77	~~78~~	79	~~80~~
~~81~~	~~82~~	83	~~84~~	85	~~86~~	~~87~~	~~88~~	89	~~90~~
91	~~92~~	~~93~~	~~94~~	95	~~96~~	97	~~98~~	~~99~~	~~100~~

次は、まだ○も×もついていない素数「5」に○をつけ、続いて5以外の5の倍数は「1とそれ自身に加えて少なくとも5を約数にもつ」ので×をつけます。この後は、ご自分で続けてみてください。最終的には次のようになります。

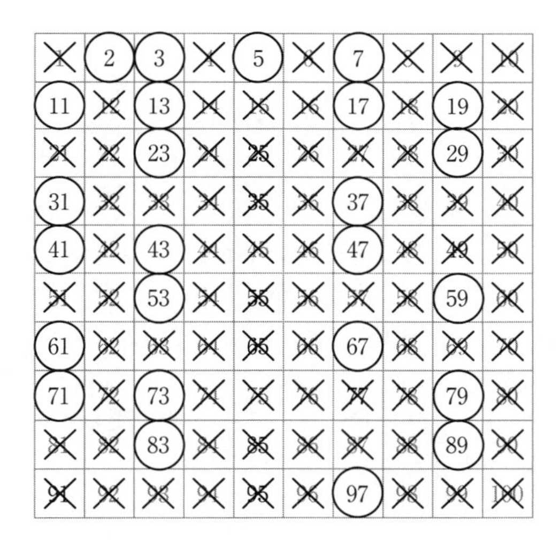

1から100までの素数は、2、3、5、7、11、13、17、19、23、29、31、37、41、43、47、53、59、61、67、71、73、79、83、89、97の25個ということになります。

エラトステネスのふるいでは、2に○をつけた後に、他のすべての偶数に×をつけました。すなわち、「素数の偶数は2の1つだけ」で、他の素数はすべて1より大きい奇数です。同様に、「素数の3の倍数は3の1つだけ」、その他はすべて3で割り切れない自然数です。

本題に戻ります。

pもqも1より大きい奇数のとき、p^q、q^pはともに「奇数^{奇数}」となり、1より大きい奇数です。ということは、

$$\underset{\substack{\uparrow \\ 1より大きい奇数}}{\underline{p}^{q}} \quad + \quad \underset{\substack{\uparrow \\ 1より大きい奇数}}{\utilde{q}^{p}}$$

なので、$p^q + q^p$ は2より大きい偶数となり、素数ではありません。よって、「p と q の少なくとも一方は素数かつ偶数、すなわち2である」ことがわかります。

素数において、偶数は1つだけで、その他はすべて1より大きい奇数であるという「基本的な数学の知識」により、p、q の偶奇を考える「数学的な直感」がはたらきました。

ここで、p と q がともに2だと、

$p^q + q^p = 2^2 + 2^2 = 4 + 4 = 8$ となり、素数ではありません。

q を1だけ大きくして、$p = 2$、$q = 3$ のときには、

$p^q + q^p = 2^3 + 3^2 = 8 + 9 = 17$ となり、素数です。よって、こちらが答えとなります。

じつは、問題4-6の原題は「素数 p、q を用いて $p^q + q^p$ と表される素数をすべて求めよ」です。したがって、1つだけを求めても不十分です。「答えがない」ということも考えられますが、多くの場合には、「いくつか素数を求める＋それですべてであることを示す」ところまで解答しないと満点にはならないので、「中学数学で解く」にはハードルが高いといえます。

そこで本書では、「数学的な直感」を鍛える目的から「1つ求めよ」に改題しました。

「天才」とよばれる限られた人たちは、天から降ってきたかのように斬新なアイデアをひらめくのかもしれません。しかし、一般的には実験（試行錯誤）の過程で、「数学的な直感」によって知識がつながることでひらめきます。

そのようなひらめきを得るためには、可能なかぎり多くの問題とその解法に触れ（「量」と同時に「質」も重要だとは思いますが）、定石を自分のものにすることが大切です。次に、それを実感できる問題を１題取り上げます。

問題 4-7　**2018 京都大学文理共通前期**

$n^3 - 7n + 9$ が素数となるような整数 n をすべて求めよ。

ヒント　３次方程式

解答途中で３次方程式を解くことが必要になります。みなさんの思考（思考錯誤）の邪魔をしないよう、必要になった段階で説明します。

解答 4-7　問題を見て、「これだ」と思う解法が思い浮かばなければ、実験（試行錯誤）するのが鉄則です。

$n = 0$、1、2、3、-1 としてみると、

$n = 0$　$n^3 - 7n + 9 = 0^3 - 7 \cdot 0 + 9 = 9$

$n = 1$　$n^3 - 7n + 9 = 1^3 - 7 \cdot 1 + 9 = 3$

$n = 2$　$n^3 - 7n + 9 = 2^3 - 7 \cdot 2 + 9 = 3$

$n = 3$　$n^3 - 7n + 9 = 3^3 - 7 \cdot 3 + 9 = 15$

$n = -1$　$n^3 - 7n + 9 = (-1)^3 - 7 \cdot (-1) + 9 = 15$

これらから、何か気づいたことがありますか？

すべての計算結果が「3の倍数」になっています。この実験結果を参考にして、2通りの解答に進みます。

解答 4-7-1 $n^3 - 7n + 9$が素数となるときを考える問題です。数式中にn^3があり、3の倍数が絡むとなると、使えそうな整数の性質が思い当たりませんか？

「連続する3つの整数の積 $(n-1)n(n+1)$ は6の倍数である」という性質があります。この性質を使いたいので、

$$\begin{aligned} n^3 - \underline{7n} + 9 &= n^3 - (\underline{n + 6n}) + 9 \\ &= (n^3 - n) - 6n + 9 \\ &= (n-1)n(n+1) - 3(2n-3) \end{aligned}$$

と変形します。そうすると、nは整数なので、

$$n^3 - 7n + 9 = \underline{(n-1)n(n+1)} - 3(2n-3)$$

↑ (6の倍数ということは) 3の倍数

↑ 3×奇数 ＝ (6の倍数ではない) 3の倍数

となり、$n^3 - 7n + 9$は、「(3の倍数－3の倍数＝) 3の倍数」です。この値が素数となる整数nを探すわけですが、ここで、先ほどの「エラトステネスのふるい」を思い出しましょう。3の倍数は、3に○をつけて、6以降の3の倍数に×をつけました。よって、3の倍数かつ素数であるのは「3」しかなく、$n^3 - 7n + 9 = 3$です。

あとは、ヒントで後回しにしていた3次方程式
$n^3 - 7n + 9 = 3$ を解くだけです。残りは高校数学の出番です。

右辺の3を移項して、　$n^3 - 7n + 6 = 0$
$1^3 - 7 \cdot 1 + 6 = 0$ なので、因数定理により、左辺は $n - 1$ を因数にもつことがわかりますので、

$$(n - 1)(n^2 + n - 6) = 0$$

さらに、左辺を因数分解すると、

$$(n - 1)(n - 2)(n + 3) = 0$$

よって、　$n = 1、2、-3$

$$\begin{array}{r|l} & n^2 + n - 6 \\ \hline n - 1 & n^3 \qquad - 7n + 6 \\ & n^3 - n^2 \\ \hline & \qquad n^2 - 7n \\ & \qquad n^2 - n \\ \hline & \qquad\quad -6n + 6 \\ & \qquad\quad -6n + 6 \\ \hline & \qquad\qquad\quad 0 \end{array}$$

「n^3、3の倍数」といったキーワードから「連続する3つの整数の積は6の倍数である」ことを連想する、このひらめきをもたらすのが「数学的な直感」です。

解答4－7－1では「数学的な直感」が核となりましたが、こちらは地道な解答です。最初におこなった「実験」の結果は、

$n=0 \quad n^3-7n+9=0^3-7\cdot 0+9=9$ ←3の倍数
$n=1 \quad n^3-7n+9=1^3-7\cdot 1+9=3$ ←3の倍数
$n=2 \quad n^3-7n+9=2^3-7\cdot 2+9=3$ ←3の倍数
$n=3 \quad n^3-7n+9=3^3-7\cdot 3+9=15$ ←3の倍数
$n=-1 \quad n^3-7n+9=(-1)^3-7\cdot(-1)+9=15$ ←3の倍数

というように、すべての計算結果が3の倍数になっていました。この結果がつねに成り立つことを予想し、「整数問題の技法③（3で割った）余りで分類する」ことにしましょう。整数kを用いて、$n=3k$、$n=3k+1$、$n=3k+2$として解き始めます。

1：$n=3k$（kは整数）のとき

$$
\begin{aligned}
n^3-7n+9 &= (3k)^3-7\cdot 3k+9=27k^3-21k+9 \\
&= 3(9k^3-7k+3)
\end{aligned}
$$

2：$n=3k+1$（kは整数）のとき

$$
\begin{aligned}
n^3-7n+9 &= (3k+1)^3-7(3k+1)+9 \\
&= (27k^3+27k^2+9k+1)-21k-7+9 \\
&= 27k^3+27k^2-12k+3 \\
&= 3(9k^3+9k^2-4k+1)
\end{aligned}
$$

3：$n=3k+2$（kは整数）のとき

$$
\begin{aligned}
n^3-7n+9 &= (3k+2)^3-7(3k+2)+9 \\
&= (27k^3+54k^2+36k+8)-21k-14+9
\end{aligned}
$$

$$= 27k^3 + 54k^2 + 15k + 3$$
$$= 3(9k^3 + 18k^2 + 5k + 1)$$

いずれの括弧内も整数なので、$n^3 - 7n + 9$はどの場合にも３の倍数です。３の倍数の素数は３しかないので、
$n^3 - 7n + 9 = 3$です。

$$n^3 - 7n + 6 = 0$$
$$(n - 1)(n^2 + n - 6) = 0$$
$$(n - 1)(n - 2)(n + 3) = 0$$

よって、　$n = 1、2、-3$

問題４－７は、連続する３つの整数の積
$(n - 1)n(n + 1)$ が６の倍数であることに気づかなくても、「整数問題の技法③余りで分類する」を押さえていれば、ひらめき抜きで解くことができる好例です。実験（試行錯誤）から予想し、それを「数学的な表現（216ページからの４－４節で詳しく説明します）」で解答としてまとめました。

実験結果を前提として「帰納」する、このタイミングで「数学的な直感」がはたらいています。「手と頭」を動かし、「実験と帰納」を通して、解答の見通しを良くするよう心がけましょう！

続いてもう１問、図形問題において「数学的な直感」を発揮しましょう。

問題 4-8

1957 東京大学 2 次

頂点がそれぞれ 45°、60°、75° で外接円の半径が r であるような三角形の面積を求めよ。

ヒント 外接円　60 ページ

解答 4-8

まず、三角形とその外接円の図を描いておきます。

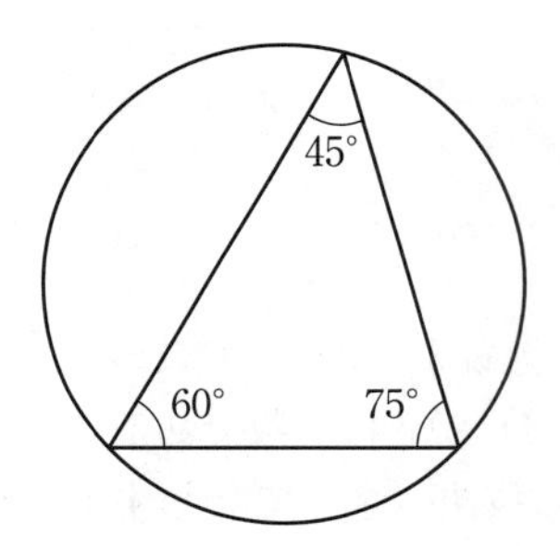

この三角形の面積を求めたいので、ひとまず 45° の頂点から対辺に垂線を下ろしてみます。

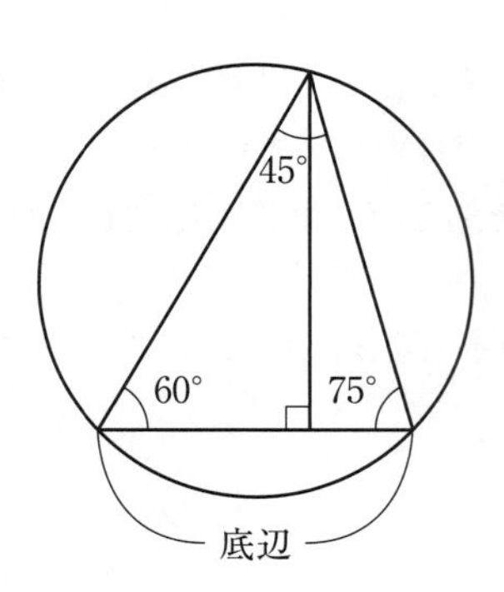

この三角形の底辺（と高さ）を円の半径 r で表すのは厳しそうです。それでは、この三角形の面積を求めるために、どのような工夫をすればいいでしょうか？

半径 r が利用できる補助線を引き直し、三角形を「(3つの) 小さいパーツに分解する」ことを考えます。今回は、次図のように、外接円の中心と各頂点を結ぶ補助線を引き、3つの三角形の面積をそれぞれ S_1、S_2、S_3 とします。

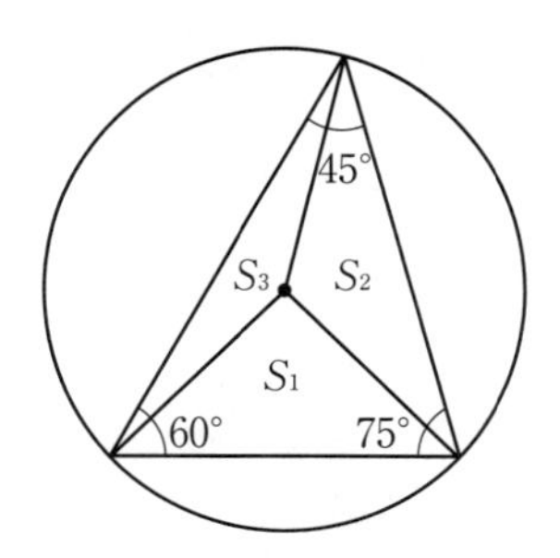

与えられた情報を最大限に利用することを考える「論理性」、そこから生まれた「数学的な直感」によって新しい補助線を引くことができました（円が絡む問題において、半径（直径）を補助線に引くことは、基本的な数学の技法でもあります）。

円周角の定理により、次図のように90°が現れます（最初は活躍しない補助線は破線にしてあります）。

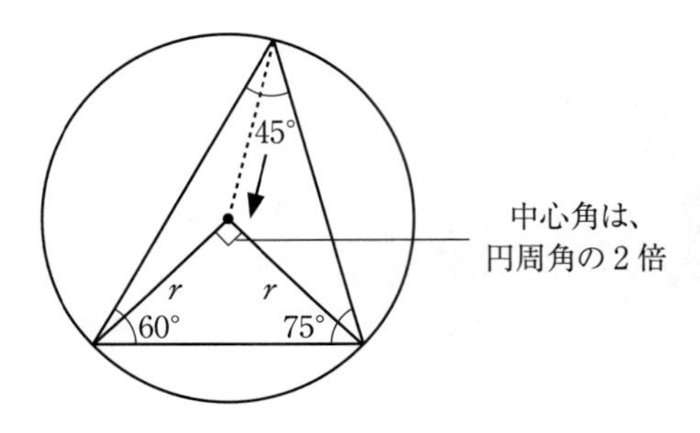

これと、外接円の半径が r であることから、下側の三角形の面積 S_1 は、

$$S_1 = \frac{1}{2} \cdot r \cdot r = \frac{1}{2}r^2$$

下側の三角形の面積を求めることができたので、残りの部分の面積を、前図では破線にした補助線を利用して求めます。いま面積を求めた下側の三角形は、直角を挟む２辺の長さが r で等しいので、直角二等辺三角形だとわかります。そのため、次図の２つの底角はともに45°になります。

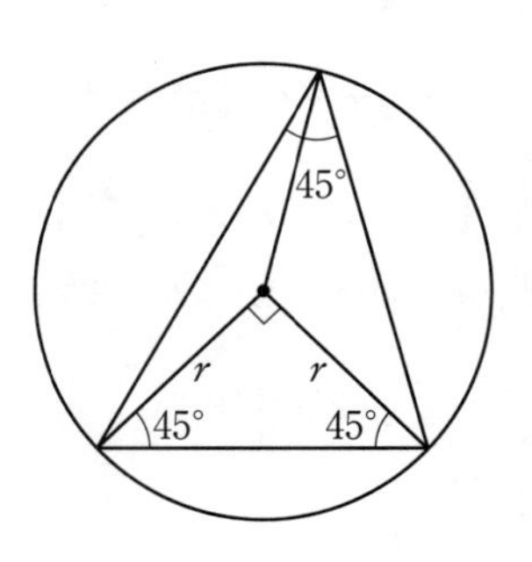

このことから、次図のように 15°（= 60° − 45°）、30°（= 75° − 45°）とわかります。

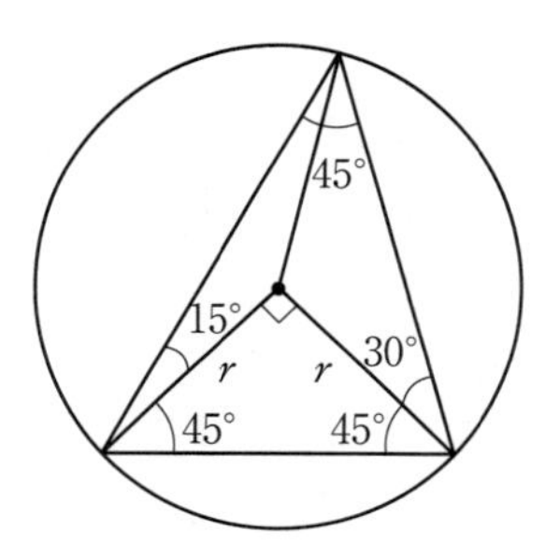

さらに、左上の三角形と右上の三角形も二等辺三角形なので、底角は等しいです。そのため、次図のように角度がわかります。

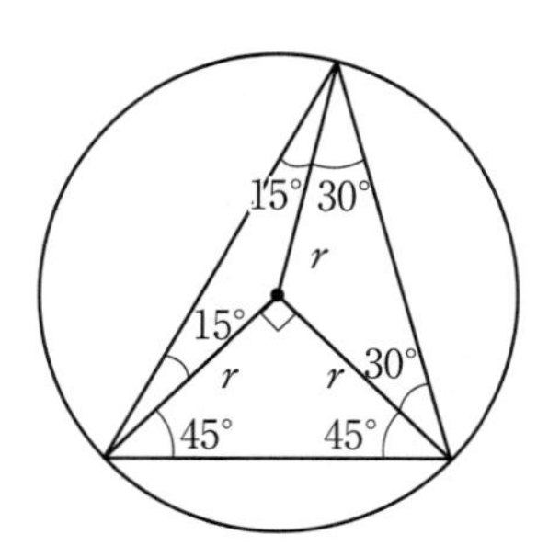

これで、右上の三角形の面積 S_2 を求めることができます。二等辺三角形における基本的な補助線である「頂角からの垂線」を下ろします（142 ページでまとめた技法の 1 つ「二等辺三角形は二等分する」です）。

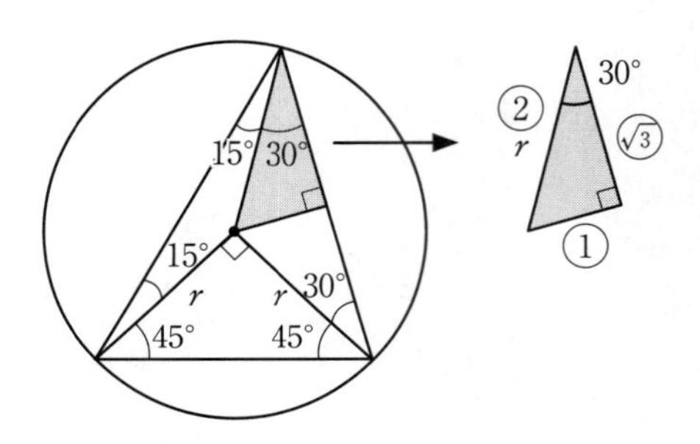

3辺の長さの比が$1:2:\sqrt{3}$であることから、取り出したこの三角形の3辺の長さを求めることができます。

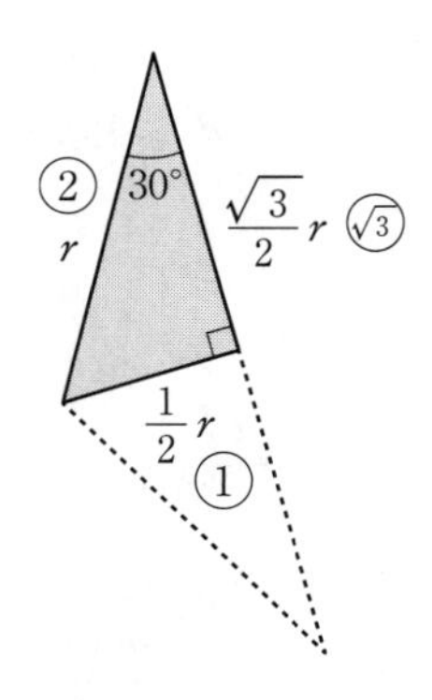

よって、右上の三角形の面積S_2は、

$$S_2 = \frac{1}{2} \cdot \frac{\sqrt{3}}{2}r \cdot \frac{1}{2}r \times 2 = \frac{\sqrt{3}}{4}r^2$$

最後に左上の三角形の面積 S_3 を求めます。底角が 15° の二等辺三角形なので、3 辺の長さの比がわかりません。

そこで、「数学的な直感」をはたらかせて、他の視点から攻めます。困ったときは、三角形の面積の基本である「$\frac{1}{2}$ × 底辺 × 高さ」に戻ります。次図の太線を底辺と高さとします。

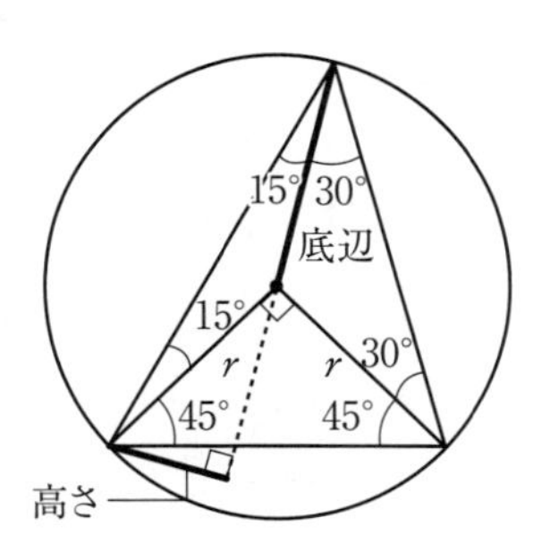

この底辺の長さは r なので、問題は高さです。そこで、「15° ではなく、その 2 倍の 30° ならよかったのに」という「数学的な直感」から「円周角の定理」を連想し、次図のように角度と辺の長さを求めます。

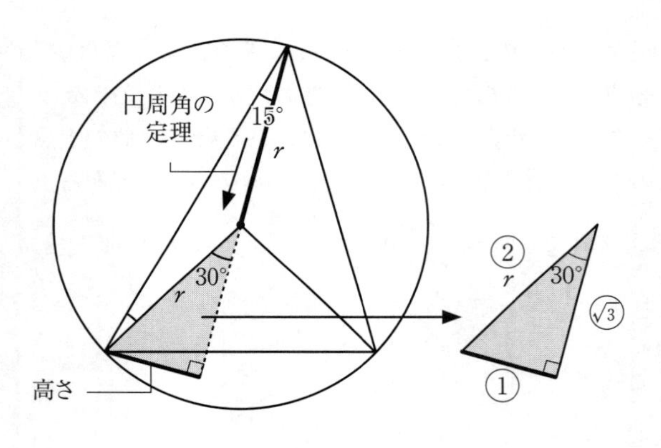

よって、高さは、比が1になる辺の長さ（太線の長さ）なので、$\dfrac{1}{2}r$ です。

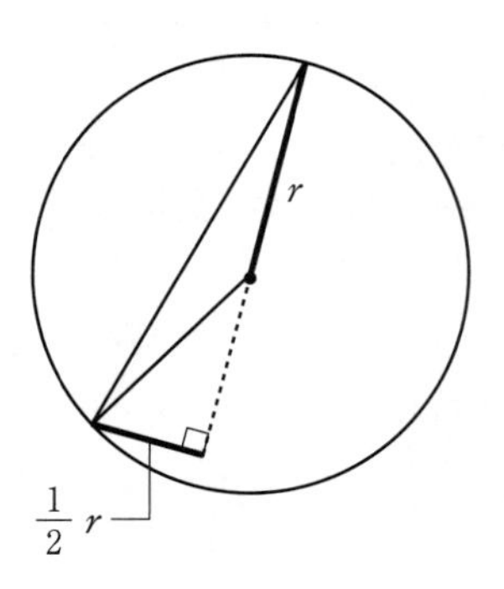

したがって、左上の三角形の面積 S_3 は、「$\dfrac{1}{2}$×底辺×高さ」より、

$$S_3 = \frac{1}{2} \cdot r \cdot \frac{1}{2}r = \frac{1}{4}r^2$$

求める三角形の面積は、３つの三角形の面積の和なので、

$$S_1 + S_2 + S_3 = \frac{1}{2}r^2 + \frac{\sqrt{3}}{4}r^2 + \frac{1}{4}r^2 = \frac{3+\sqrt{3}}{4}r^2$$

「数学的な直感」は、イメージとしては、「直感≠立ち幅跳び」であり、「直感＝走り幅跳び」です。何もないところから突然、跳び上がることができるのではなく、「『論理性や実験（試行錯誤）』の助走」によってもたらされる跳躍です。「ひらめき」は天から降ってくるものではなく、「論理性や実験（試行錯誤）の産物」として自分でつかみ取るものだとおわかりいただけたかと思います。

閑話重大　無意識の思考

数学的な直感は、突然はたらくものではありません。長い時間、打ち込んで考えた後ではたらきます。

19世紀のドイツの化学者アウグスト・ケクレは、芳香族化合物について研究していました。真偽は不明ですが、ある日、蛇が自分の尻尾をくわえて回転している夢を見て、ベンゼンという化合物のケクレ構造をひらめいたそうです。

そのポイントは、「長い間考え、悩み抜いた末に、このひらめきにたどり着いた」ことです。このエピソードのように、（疑問の難易度にもよりますが）長い間にわたって、頭の中に疑問をもち続けると、無意識のうちに脳が“記憶の

海”を探索し、さまざまな連想をし続けてくれます。

数学が好きな読者のみなさんなら、ある問題が解けなかったときにいったん保留して次の問題を解き、再度その問題に戻ってくると難なく解けた、という経験がおありかと思います。気分がリセットされたことも理由の一つでしょうが、「しばらく集中して考えても解決できない問題を、脳が無意識のうちに考え続ける」はたらきのおかげも大きいでしょう。

33ページで、わからなくてもしばらく（少なくとも15分）考えると書きましたが、可能であれば「いつも頭の中に、解けていない問題をキープする」ことが理想です。このように、「無意識の思考」を意識的に利用するようにしましょう！　そして、「わからないから面白い」と考えることが、数学力の向上につながると思います。

ちなみに筆者は、数学の先生方と「お風呂に入りながら、頭の中で数学の問題を考える」という話をすることがありますが、他教科の先生にその話をすると驚かれる（ドン引きされる）ことが多いです。そんなにヘンなことではないと思うのですが……？

4-4 数学的な表現――「数学の型」を学ぶ

入試問題を解くには、基本的な数学の知識、論理性、計算力に基づく「直感」の活用に加えて、その直感を他者（採点者）に答案として伝える「表現力」も重要となります。

数学的な表現力を身につけるためには、基本的な数学の知識と技法に習熟し、自分のものとしていなければいけません。定石を押さえ、それを応用・発展させながら、解答を作成することが大切です。

問題 4-9　**1989 東京大学理科前期**（後半をカット）

$\dfrac{10^{210}}{10^{10}+3}$ の整数部分の桁数を求めよ。

解答 4-9　最初は、高校数学の知識のある方に向けての内容です。

大学入試問題では、「桁数といえば常用対数」とパターン化すると解ける問題が多いのですが、この問題は常用対数をとっても、

$$\log_{10}\left(\frac{10^{210}}{10^{10}+3}\right)=\log_{10}10^{210}-\log_{10}(10^{10}+3)$$

となり、手詰まりです。「桁数 → 常用対数」と 1 対 1 に対応させていると、この問題を解くことはできません。

この問題で重要になるのは、たとえば、

N の整数部分の桁数が 2 桁である
$\Longleftrightarrow 10 \leqq N < 100$ という不等式が成り立つ

は「日本語と数式の間で言い換えただけで同じこと」であり、「不等式をつくるために常用対数を利用している」と本質的に理解していることです。整数部分の桁数を求めるために常用対数をとることが多いですが、それを、「目的＝不等式をつくる」、「手段＝常用対数をとる」と理解をしていることが、関連した問題をアナロジーで解くことにつながります。すなわち、この問題では「目的」を意識して、「（常用対数抜きで）桁数がわかる不等式をつくる」ことになります。

それでは、中学数学でそのような不等式をつくります。

まず、分子の 10^{210} は何桁の整数でしょうか？

$10^1 = 10$ は2桁の整数、$10^2 = 100$ は3桁の整数ですから、指数よりも1だけ大きい数が桁数になります。ということは、10^{210} は $210 + 1 = 211$（桁）の整数です。

この数を $10^{10} + 3 = 10{,}000{,}000{,}003$（100億3）で割るわけです。仮に、100億3を100億と見積もると、

$$\frac{10^{210}}{10^{10} + 3} \fallingdotseq \frac{10^{210}}{10^{10}} = 10^{200}$$

と考えることができ、こちらは201（$= 200 + 1$）桁です。割る数を、これより3だけ大きくするので、桁数が1だけ小さくなり、答えは200桁と予想できます。

しかし、199桁にならない保証がないので、予想の域を出ません。そこで、しっかりと論理性のある説明をするために「数学的な表現」をします。まさに「仮説演繹法」のイメージです。

仮説……予想
演繹……数学的な表現

$10^{10} < 10^{10} + 3 < 10^{11}$ なので、これら3つの（正の）数の逆数をとると、不等号の向きが変わり、

$$\frac{1}{10^{10}} > \frac{1}{10^{10} + 3} > \frac{1}{10^{11}}$$

小さいものから並べ直すと、

$$\frac{1}{10^{11}} < \frac{1}{10^{10}+3} < \frac{1}{10^{10}}$$

この辺々に 10^{210} をかけると、

$$\frac{10^{210}}{10^{11}} < \frac{10^{210}}{10^{10}+3} < \frac{10^{210}}{10^{10}}$$

$$10^{199} < \frac{10^{210}}{10^{10}+3} < 10^{200}$$

↑（10^{199}）200 桁　　↑（10^{200}）201 桁

$\frac{10^{210}}{10^{10}+3}$ は、200 桁のいちばん小さい整数より大きく、

201 桁のいちばん小さい整数より小さいので、その整数部分は 200 桁です。

「数学的な直感」を、「不等式を用いた『数学的な表現』」により解答の形にまとめました。他者に伝わるように、（反論の余地のない形に）論理的にまとめる力は、社会でもプレゼンテーション能力として求められますし、たわいのない会話の中でも、あって困ることはない能力です。

それでは、「数学的な表現」が求められる問題を、もう少し見ていきましょう。

問題 4-10　**2006 京都大学理系前期**

2 以上の自然数 n に対し、n と $n^2 + 2$ がともに素数になるのは $n = 3$ の場合に限ることを示せ。

解答 4-10　どのようにアプローチしましょうか？
困ったら実験（試行錯誤）です。

$n = 2$ のとき　$n^2 + 2 = 2^2 + 2 = 4 + 2 = 6$

2 は素数ですが、6 は素数ではありません。

$n = 3$ のとき　$n^2 + 2 = 3^2 + 2 = 9 + 2 = 11$

3 と 11 はともに素数です。

$n = 4$ のとき　$n^2 + 2 = 4^2 + 2 = 16 + 2 = 18$

4 と 18 はともに素数ではありません。

$n = 5$ のとき　$n^2 + 2 = 5^2 + 2 = 25 + 2 = 27$

5 は素数ですが、27 は素数ではありません。

たしかに、n と $n^2 + 2$ がともに素数になるのは $n = 3$ の場合に限りそうです。これをどのように証明すればいいでしょうか？

「整数問題の技法③余りで分類する」で攻め込みます。それでは、いくつで割った余りで分類しましょうか？

先ほどの実験は $n = 5$ まででしたが、その＋ α までの結果を次の表にまとめます。

n	n^2+2
2	⑥
③	11
4	⑱
5	㉗
⑥	38
7	(51)
8	(66)
⑨	83
……	……

上の表では、3の倍数に○をつけました。このように、n と $n^2 + 2$ のいずれか一方が3の倍数になり、そのため素数にならない、と予想できます。まさに、地道な実験による助走が「3で割った余りで分類するひらめき」をもたらしました。

このように、「整数問題の技法③余りで分類する」では、「いくつで割った余りで分類するか」を見抜くことが肝腎です。

確認のため、2で割った余りで分類してみます。文字を使った「数学的な表現」でこれを表すと、$n = 2k$、$2k + 1$（k は自然数）になります（問題文に「2以上の自然数 n」とあるので、$n = 2k$、$2k - 1$ とはしませんでした）。

1：$n = 2k$（k は自然数）のとき

$k \neq 1$ のとき

n が素数ではありません。

$k = 1$ のとき

$n = 2k = 2 \cdot 1 = 2$　素数

$n^2 + 2 = (2k)^2 + 2 = (2 \cdot 1)^2 + 2 = 2^2 + 2 = 6$

素数ではない

よって、$n = 2k$ のとき、n と $n^2 + 2$ がともに素数になることはありません。

2：$n = 2k + 1$（k は自然数）のとき

$$\begin{aligned} n^2 + 2 &= (2k + 1)^2 + 2 = (4k^2 + 4k + 1) + 2 \\ &= 2(2k^2 + 2k + 1) + 1 \end{aligned}$$

k が自然数ということは、$2k^2 + 2k + 1$ は5以上の自然数なので、$n^2 + 2$ は11以上の奇数です。11や13は素数ですから、これでは、素数であるかどうかが判断できません。

つまり、2で割った余りで分類すると無駄足を踏むことになります。「余りで分類する」ことが正しいルートなのかわからないので、「2でダメだったから3で、またダメだったから4で……」とするのではなく、「実験から見通しを立てる」ことを大切にしましょう。

やはり、3で割った余りで分類する必要がありそうです。

ここであらためて、「数学的な表現」が問われます。たとえば、$n = 3k$、$3k + 1$、$3k + 2$（k は自然数）とするとどうでしょうか？

$k=1$とすると、$3k=3$、$3k+1=4$、$3k+2=5$

$k=2$とすると、$3k=6$、$3k+1=7$、$3k+2=8$

なので、「2」を表せなくなってしまいます。そこで、この問題は（ほぼ同じではありますが）3通りで解答（証明）してみます。それぞれ、一長一短があります。

解答 4-10-1　4つに場合分けする

1：$n=2$のとき

$$n^2+2=2^2+2=4+2=6$$

2は素数ですが、6は素数ではありません。

2：$n=3k$（kは自然数）のとき

$$n^2+2=(3k)^2+2=9k^2+2$$

まず、$n=3k$なので、これが素数になるのは

$n=3$（$k=1$）のときのみです。そして、このとき、

$n^2+2=3^2+2=9+2=11$となるので、nとn^2+2がともに素数になります。

3：$n=3k+1$（kは自然数）のとき

$$n^2+2=(3k+1)^2+2=(9k^2+6k+1)+2$$
$$=9k^2+6k+3=3(3k^2+2k+1)$$

kは自然数なので、

$3k^2+2k+1 \geqq 3\cdot1^2+2\cdot1+1=6$より、

$3k^2+2k+1$は6以上の自然数となります。このとき、その3倍であるn^2+2は18以上の3の倍数なので、素数ではありません。

なお、「$3k^2+2k+1$は整数なので、n^2+2は3の倍数で素数ではありません」とすると、論理に欠陥があります。このとき、$3k^2+2k+1=1$になるときがあれば、n^2+2は$3(3k^2+2k+1)=3\cdot1=3$なので素数となります。これがありえないことを説明しないと、証明としては不十分なのです。

「3の倍数には1つだけ素数がある」、これはエラトステネスのふるいで触れた「3の倍数かつ素数は3のみ」です。「神は細部に宿る」といいますが、細かい配慮をしながら解答することが大切です。

4：$n=3k+2$（kは自然数）のとき

$$\begin{aligned} n^2+2 &= (3k+2)^2+2=(9k^2+12k+4)+2 \\ &= 9k^2+12k+6=3(3k^2+4k+2) \end{aligned}$$

kは自然数なので、$3k^2+4k+2$は9以上の自然数となります。このときn^2+2は27以上の3の倍数なので、素数ではありません。

1：～4：より、2以上の自然数nに対し、nとn^2+2がともに素数になるのは$n=3$の場合に限ります。

この解答は数学的に正しいのですが、$n=2$のときだけを別扱いすることが気になります。次は、それを回避する解答です。

解答 4-10-2　$n=3k+2$ のみ、k の範囲が異なる

$n=2$ もまとめて扱いたいので、やや統一感に欠けますが、次の 3 つの場合に分けます。

1：$n=3k$（k は自然数）　→　$n=3$、6、9、…
2：$n=3k+1$（k は自然数）　→　$n=4$、7、10、…
3：$n=3k+2$（k は0以上の整数）　→　$n=2$、5、8、…

1：$n=3k$（k は自然数）のとき

$$n^2+2=(3k)^2+2=9k^2+2$$

$n=3k$ なので、これが素数になるのは $n=3$（$k=1$）のときのみです。このとき、
$n^2+2=3^2+2=9+2=11$ なので、n^2+2 も素数です。よって、$n=3$ のとき、n と n^2+2 がともに素数になります。

2：$n=3k+1$（k は自然数）のとき

$$\begin{aligned} n^2+2 &= (3k+1)^2+2=(9k^2+6k+1)+2 \\ &= 9k^2+6k+3=3(3k^2+2k+1) \end{aligned}$$

k は自然数なので、$3k^2+2k+1$ は 6 以上の自然数となります。このとき、n^2+2 は 18 以上の 3 の倍数なので、素数ではありません。

3：$n = 3k + 2$（kは0以上の整数）のとき

$$n^2 + 2 = (3k+2)^2 + 2 = (9k^2 + 12k + 4) + 2$$
$$= 9k^2 + 12k + 6 = 3(3k^2 + 4k + 2)$$

　kは0以上の整数なので、
$3k^2 + 4k + 2 \geqq 3 \cdot 0^2 + 4 \cdot 0 + 2 = 2$より、
$3k^2 + 4k + 2$は2以上の自然数となります。このとき、
$n^2 + 2$は6以上の3の倍数なので、素数ではありません。

1：～3：より、2以上の自然数nに対し、nと$n^2 + 2$がともに素数になるのは$n = 3$の場合に限ります。

　最後に、3つ目の解答です。ここまでの2つの解答も数学的には正しいのですが、
1：$n = 3k$（kは自然数）　→　$n = 3$、6、9、…
2：$n = 3k + 1$（kは自然数）　→　$n = 4$、7、10、…
3：$n = 3k - 1$（kは自然数）　→　$n = 2$、5、8、…
とし、統一感のある解答に仕上げます。

解答 4-10-3　最も統一感がある

1：$n = 3k$（kは自然数）のとき

$$n^2 + 2 = (3k)^2 + 2 = 9k^2 + 2$$

　$n = 3k$なので、これが素数になるのは$n = 3$（$k = 1$）のときのみです。そして、このとき、

$n^2+2=3^2+2=9+2=11$となるので、n^2+2も素数です。よって、$n=3$のとき、nとn^2+2がともに素数になります。

2：$n=3k+1$（kは自然数）のとき

$$
\begin{aligned}
n^2+2&=(3k+1)^2+2=(9k^2+6k+1)+2\\
&=9k^2+6k+3=3(3k^2+2k+1)
\end{aligned}
$$

kは自然数なので、$3k^2+2k+1$は6以上の自然数となります。このとき、n^2+2は18以上の3の倍数なので、素数ではありません。

3：$n=3k-1$（kは自然数）のとき

$$
\begin{aligned}
n^2+2&=(3k-1)^2+2=(9k^2-6k+1)+2\\
&=9k^2-6k+3=3(3k^2-2k+1)
\end{aligned}
$$

この場合は、括弧内に係数がマイナスの項があるので、これまでとは異なる流れにします。

$n=3k-1$（kは自然数）なので、（問題文のように）$n\geqq 2$です。このことから、$n^2+2\geqq 2^2+2=6$より、n^2+2は6以上の自然数です。ということは、n^2+2は6以上の3の倍数なので、素数ではありません。

なお、このアイデアは、これまでの場合にも使うことができます。この解答の場合分け2：の$n=3k+1$では、$n^2+2\geqq 4^2+2=18$となり、先ほどと同様の議論を進めることができます。

また、高校数学の２次関数の知識があれば、

$$\begin{aligned}\underset{\sim}{n^2+2} &= 3(3k^2-2k+1) = 3\left\{3\left(k-\frac{1}{3}\right)^2+\frac{2}{3}\right\} \\ &\geqq 3\left\{3\left(1-\frac{1}{3}\right)^2+\frac{2}{3}\right\} = 3\left(\frac{4}{3}+\frac{2}{3}\right) \\ &= 3\cdot 2 = \underset{\sim}{6}\end{aligned}$$

とすることも可能です。

1：～3：より、２以上の自然数nに対し、nとn^2+2がともに素数になるのは$n=3$の場合に限ります。

どれだけ素晴らしいアイデアも、1ヵ所でも論理的に間違っていると、数学的にはなんの価値もありません（数学を離れれば、大きな意味がある場合も多いと思います)。「基本的な数学の技法」等を基礎としながら、議論の余地のない論理を答案上に「表現」することを意識しましょう。

問題 4-11　**2013 大阪大学理系前期**

4個の整数　$n+1$、n^3+3、n^5+5、n^7+7
がすべて素数となるような正の整数nは存在しない。これを証明せよ。

解答 4-11-1　この整数問題に、どのようにアプローチすればいいでしょうか？

整数問題の技法をベースにして考えるのが良策です。その技法とは次のとおりでしたが、

①積の形をつくる
②不等式で範囲を絞る
③余りで分類する

この問題の場合は③しかなさそうです。

また、問題文中に、n^3、n^5、n^7 があるので、地道に展開してもいいのですが、高校で学習する展開の公式を紹介しておきます。

$(a+b)^2=a^2+2ab+b^2$ のように、
$(a+b)^3=a^3+3a^2b+3ab^2+b^3$ という公式があります。
じつは、これらの公式の係数は「パスカルの三角形」とよばれる美しい形にまとめることができます。

$(a+b)^1=a+b$ なので、
その係数を抜き出すと、1　1
$(a+b)^2=a^2+2ab+b^2$、
その係数を抜き出すと、1　2　1
$(a+b)^3=a^3+3a^2b+3ab^2+b^3$、
その係数を抜き出すと、1　3　3　1

これらの数には、①両端は1、②それ以外は1つ上の段の左右の和、という美しい関係があります。

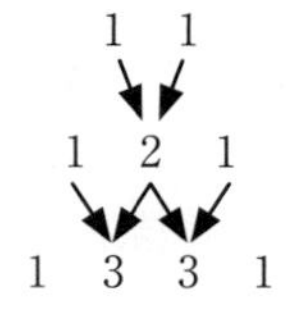

これを繰り返すと、次図のような「パスカルの三角形」が得られます。

$$\begin{array}{c} 1\quad 1 \\ 1\quad 2\quad 1 \\ 1\quad 3\quad 3\quad 1 \\ 1\quad 4\quad 6\quad 4\quad 1 \\ 1\quad 5\quad 10\quad 10\quad 5\quad 1 \end{array}$$

$(a+b)^5$は、いちばん下の行の数字が係数になるので、

$$(a+b)^5$$
$$= a^5 + 5a^4b + 10a^3b^2 + 10a^2b^3 + 5ab^4 + b^5 \quad \cdots\cdots☆$$

です。

話を本題に戻します。この問題では、「いくつで割った余りで分類する」のが適切でしょうか？

2で割った余りで分類すると、見通しが良くありません。$n+1$、n^3+3、n^5+5、n^7+7なので、nが偶数のとき、4個の整数はいずれも「偶数^{奇数}＋奇数＝奇数」となり、これらすべてが素数でないことを示すのは厳しそうだからです。

そこで、「3で割った余りで分類するのかな？」と思いながら、「実験から見通しを立てる」ことにします。比較的すぐに計算ができる範囲の実験結果を次の表にまとめ、素数には○をつけました。

n	nを3で割った余り	$n+1$	n^3+3	n^5+5	n^7+7
1	1	2	4	6	8
2	2	3	11	37	135
3	0	4	30	248	
4	1	5	67	1029	
5	2	6	128		
6	0	7			
・	・	・	・	・	・
・	・	・	・	・	・
・	・	・	・	・	・

素数が意外に少なく、見通しが立てづらいので、「3で割った余りで分類するのかな？」という予想に基づき、3の倍数に□をつけると、次の表のようになります。3にはもちろん、○と□の両方がつきます（3の倍数になると考えられるところには⬚をつけました）。

n	nを3で割った余り	$n+1$	n^3+3	n^5+5	n^7+7
1	1	2	4	6	8
2	2	3	11	37	135
3	0	4	30	248	
4	1	5	67	1029	
5	2	6	128		
6	0	7			
・	・	・	・	・	・
・	・	・	・	・	・
・	・	・	・	・	・

⬚がついている、$n=6$のときの$n^3+3=6^3+3$なので

3の倍数です。このような手間を惜しまず、予想が正しそうだという確信に近い自信をつけるようにしましょう。
「3で割った余りで分類する」ので、□、⬚の配置を考慮し、どの数が3の倍数であるかを見極めると、

nを3で割った余りが0のとき　n^3+3

nを3で割った余りが1のとき　n^5+5

nを3で割った余りが2のとき　$n+1$またはn^7+7

なので、これを基にして解答します。

1：$n=3k$（kは自然数）のとき

$$n^3+3=(3k)^3+3=27k^3+3=3(9k^3+1)$$

227ページの解答4-10-3の$n=3k-1$のときと同様に考えます。
「$n^3+3 \geqq 3^3+3=30$」、かつ、$9k^3+1$は整数なので「n^3+3は3の倍数」とわかり、「n^3+3は30以上の3の倍数」です。3の倍数の素数は3しかないことを考えると、n^3+3は素数ではありません。

2：$n=3k-2$（kは自然数）のとき

230ページの☆を用いると、

$$\begin{aligned}
& n^5+5 \\
&= (3k-2)^5+5=\{3k+(-2)\}^5+5 \\
&= \underline{(3k)^5+5(3k)^4\cdot(-2)+10(3k)^3(-2)^2} \\
&\quad \underline{+10(3k)^2(-2)^3+5\cdot 3k\cdot(-2)^4}+(-2)^5+5 \\
&= \underline{3(3^4k^5+\cdots)}-27=3\{\underset{\sim\sim\sim\sim\sim\sim\sim\sim}{(3^4k^5+\cdots)-9}\}
\end{aligned}$$

「$n^5+5 \geqq 1^5+5=6$」、かつ、$(3^4k^5+\cdots)-9$は整数なので「n^5+5は３の倍数」とわかり、これらから「n^5+5は６以上の３の倍数」です。３の倍数の素数は３しかないことを考えると、n^5+5は素数ではありません。

３：$n=3k-1$（kは自然数）のとき

$$n+1=(3k-1)+1=3k$$

kは自然数なので、「$n+1$は３の倍数」です。$k \geqq 2$のとき、「$n+1=3k \geqq 6$」より、「$n+1$は６以上の３の倍数」です。３の倍数の素数は３しかないことを考えると、$n+1$は素数ではありません。

「$k \geqq 2$のとき」としたことからわかるように、問題は$k=1$のときです。このとき、$n+1=3 \cdot 1=3$となり、これは素数です。よって、この$k=1$のときに限り、n^7+7が素数でないことの確認が必要です。

$k=1$のとき、$n=2$ですから

$$n^7+7=2^7+7=128+7=135\ (=3^3 \cdot 5)$$

なので、これは素数ではありません。

よって、$k=1$のときはn^7+7が、$k \geqq 2$のときは$n+1$が素数ではありません。

１：より$n=3k$、すなわちnが３の倍数のとき、n^3+3は素数ではありません。

２：より$n=3k-2$、すなわちnが３で割って１余る数のとき、n^5+5は素数ではありません。

3：より$n=3k-1$、すなわちnが3で割って2余る数のとき、$n+1$、n^7+7の少なくとも一方は素数ではありません。

1：〜3：より、4個の整数$n+1$、n^3+3、n^5+5、n^7+7のいずれかは素数ではありません（3より大きい3の倍数です）ので、4個の整数がすべて素数となるような正の整数nは存在しません。

解答 4-11-2 この問題も、連続する3つの整数の積$(n-1)n(n+1)$が6の倍数である、という性質を使っての解答が可能です。

$$(n^5+5)-(n^3+3)=n^5-n^3+2=n^2\underline{(n^3-n)}+2$$
$$=n^2\underline{(n-1)n(n+1)}+2$$
$$=n^2\cdot\underline{3の倍数}+2$$
$$=\underline{3の倍数}+2$$

$$(n^7+7)-(n^3+3)=n^7-n^3+4=n^3(n^4-1)+4$$
$$=n^3(n^2+1)(n^2-1)+4$$
$$=n^3(n^2+1)(n+1)(n-1)+4$$
$$=\{n^2(n^2+1)\underline{(n-1)n(n+1)}+3\}+1$$
$$=\{n^2(n^2+1)\underline{3の倍数}+3\}+1$$
$$=\underline{3の倍数}+1$$

これらから、

n^5+5とn^3+3は、3で割った余りが2だけずれる
n^7+7とn^3+3は、3で割った余りが1だけずれる

ことがわかります。さらに、n^3+3、n^5+5、n^7+7は3より大きいことにも注意を払いながら、次のように論理を進めます。

1：nが3の倍数のとき

n^3+3が、3より大きい3の倍数なので、素数ではありません。

2：nが3の倍数でないとき（n^3+3が3の倍数でないとき）

n^5+5、n^7+7のいずれかが、3より大きい3の倍数なので、素数ではありません。

1：、2：から、n^3+3、n^5+5、n^7+7の3個の整数のうち、いずれかは素数ではありません。よって、4個の整数がすべて素数となるような正の整数nは存在しません。

「基本的な数学の技法」に則り、「数学的な表現」をすることにより、論理性のある答案になりました。このように、適切な数学的な表現のためには、「数学の『型』を学ぶ」ことが基本になります。効率良く数学力をつけるためには、「守破離」というように、まずは「守」からスタートしましょう。（実際の大学入試の採点では、受験生の解答の多くが「型」にはまっているため、そのような解答を基準に部分点が決められていると考えられます。そのため、大学入試の面でも「型にはまる」ことは大切ではあります）

閑話重大 創造

ここまでの問題はいかがだったでしょうか？

「こんな解法、ひらめかない！」と感じた方もおられるかと思います。しかし、数学のひらめきとは、考えてさえいれば、自然と天から降ってくるものではありませんでした。

想像の産物の筆頭である「龍」を思い浮かべてみてください。龍はもちろん、実在しません。それでは、龍は「まったく見たこともない」ものでしょうか？

そうではなく、「いくつかの爬虫類や鳥類による想像上の組み合わせからの創造」です。創造とは、「無から有」を生み出すことではなく、「有から新たな有」を生み出すことであり、「創造＝既存の素材の新しい組み合わせ」です。

たとえば、炭素と水素と酸素だけの組み合わせから、多数の有機物ができています。また、私たちの体の設計図である「DNA」は、A（アデニン）、T（チミン）、G（グアニン）、C（シトシン）の4種類の部品（塩基）から成っています。そして、このDNA上には、書籍3万冊以上に匹敵する膨大な遺伝情報が書き込まれています。

「4種類の部品による膨大な情報」が可能なら、「既存の素材の組み合わせによる新たな創造」も可能なはずです。

創造に対しては、突発的に成し遂げられるイメージを抱く方も多い印象です。しかし、発明王のエジソンが、「私は失敗などしていない、1万通りのダメな方法を見つけただけだ」という言葉を残しているように、創造とは、数々の失敗を糧（かて）にして考え続けるなかで、徐々になされるものでしょう。

こうすれば創造できる、という唯一の方法論はおそらく存在しません。しかし、そのヒントは、まずたくさんの異なるアイデアを出す「発散的思考」をおこない、続いて、アイデアを評価して絞り込む「収束的思考」へと進むことにあると思います。

「型」を学ぶことからスタートして、数学における小さな創造を積み重ねていけば、それは必ず、数学を離れた場面における創造力の「しんか」にもつながることでしょう。

第5章 「総合力」を"しんか"させる12問

5-1 知識と思考のサイクルを回す

最終章である本章では、これまで詳細に説明してきた「基本的な数学の知識、基本的な数学の技法、論理性、計算力、数学的な直感、数学的な表現」をフル活用する、『総合力』を計る問題を扱います。

本章の問題を解くために必要な知識と技法は、「中学数学＋第4章まで」で押さえました（本章でも、必要な問題にはヒントがあります）。とはいえ、知識と技法に完成はありませんので、本章でも動的にしんかさせ続けましょう。

そのため本章では、あらためて「中学数学でブリコラージュする（あり合わせのものでしのぐ）」、すなわち、既知の組み合わせに『分解』し、それらを『統合』することを意識して解き進めていきましょう。

ただし、子どもは玩具を「分解できても戻せない」ように、「分解は破壊」でもあります。「統合」することを意識しながら「分解」する「複眼的思考」が大切です。

「図形問題」「場合の数と確率」「整数問題」の3分野から4問ずつをセレクトしました。『数学的思考力』と『総合力（＝知識＋思考）』をしんかさせるために、『知識と思考のサイクル』を回しながら、これら12の良問を解きましょう！

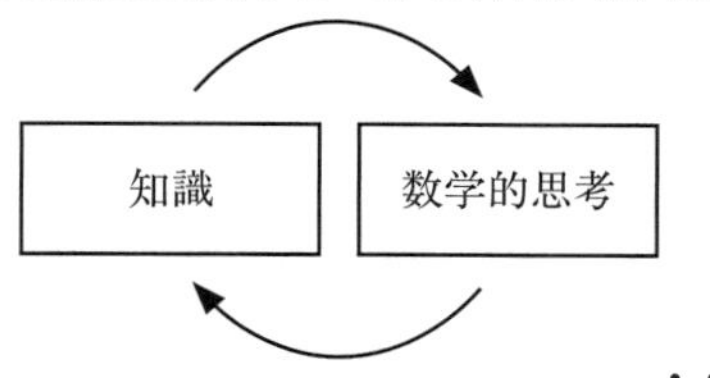

5-2 図形問題

問題 5-1

1956 東京大学２次

平面上の直交軸に関して、

座標（1, 0）、（0, 3）、（－1, 2）

をもつ３点を頂点とする三角形を、y 軸のまわりに回転して生ずる立体の体積を求めよ。

解答 5-1

まずは、三角形を図示します。

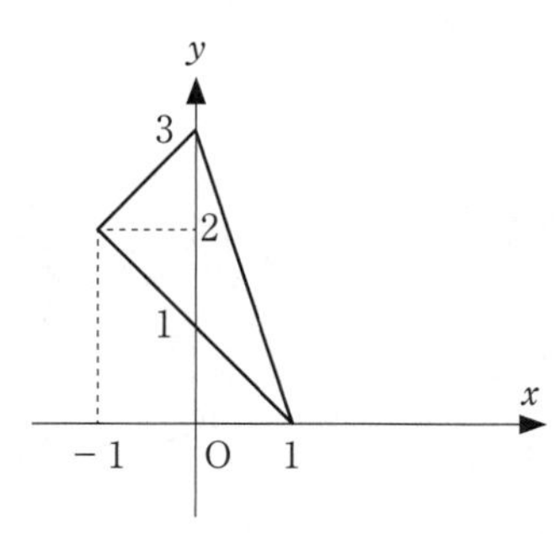

これを y 軸のまわりに回転して生ずる立体は、どのような

ものですか？

　この立体のようすをつかむ際には、26ページの「対称移動する」アイデアが生きます。その理由は、「回転させると図形が2回通過する部分があるので、片側に集めると立体がとらえやすくなる」ことです。前図の線分を「対称移動」によってy軸の右側に集めると、次図のようになります。

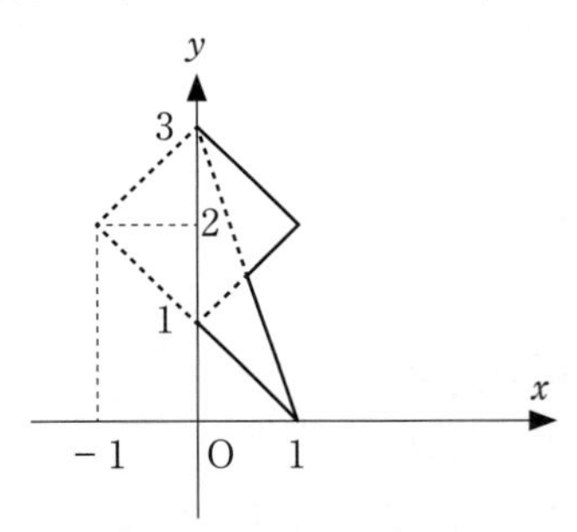

よって、これをy軸のまわりに回転して生ずる立体は、次図のような立体です。

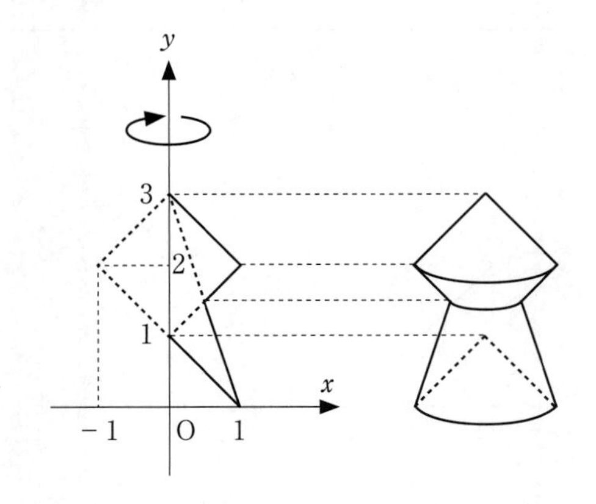

この立体の体積を、「①小さいパーツに分割する」ことにし、円錐、円錐台（円錐の先端を切断したときの土台となる立体）を組み合わせて計算します。本書では、次図のように3分割して求める方針で進めます。

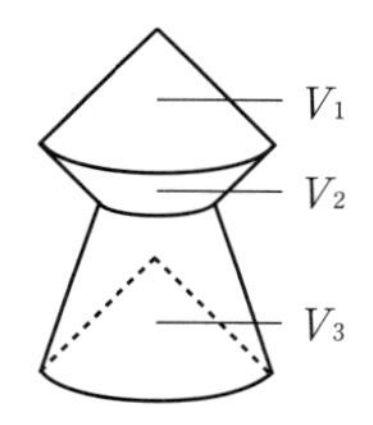

円錐の体積 V_1 は簡単に求まります。底面の半径が1、高さが1の円錐なので、その体積 V_1 は、

$$V_1 = \frac{1}{3}(\pi \cdot 1^2) \cdot 1 = \frac{\pi}{3}$$

円錐台の体積 V_2 からが曲者（くせもの）です。

まず、体積を求める立体の、凹んだ部分についての情報がほしいので、次図の点の座標を調べる必要があります。

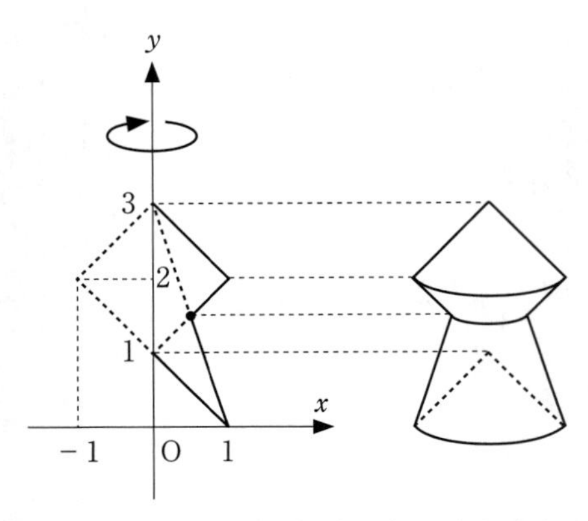

この点の座標を、次の2直線の方程式を連立して求めます。

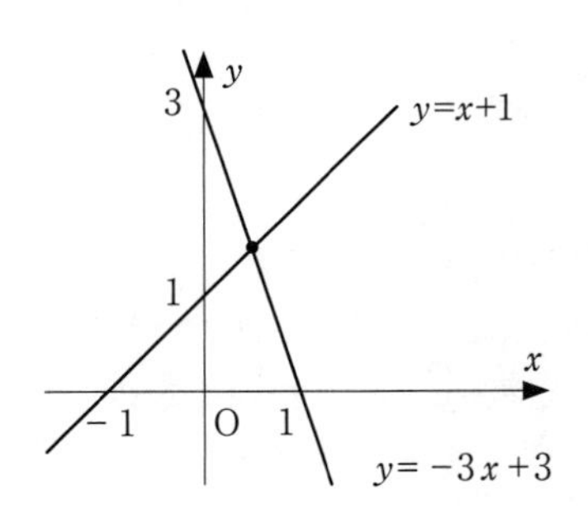

連立方程式 $\begin{cases} y = x + 1 \\ y = -3x + 3 \end{cases}$ を解くと、

$x = \frac{1}{2}$、$y = \frac{3}{2}$ なので、前図の2直線の交点の座標は

$\left(\frac{1}{2},\ \frac{3}{2}\right)$ です。y 軸の右側に対称移動した図形に関する、

ここまでの情報を次図に整理します。

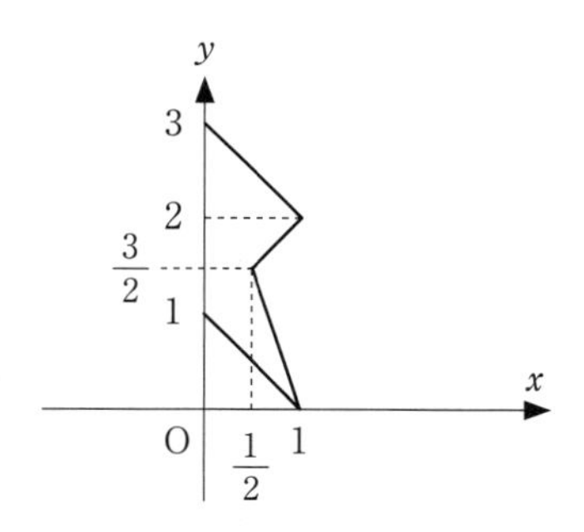

このことから、V_2 は次図の立体の体積です。

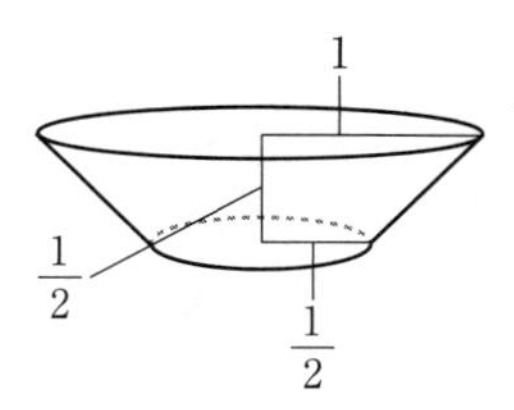

中学数学の知識では、円錐台の体積の公式は知らないので、「②大きいパーツから余分を引く」を利用して、円錐を組み合わせて体積を求めます。

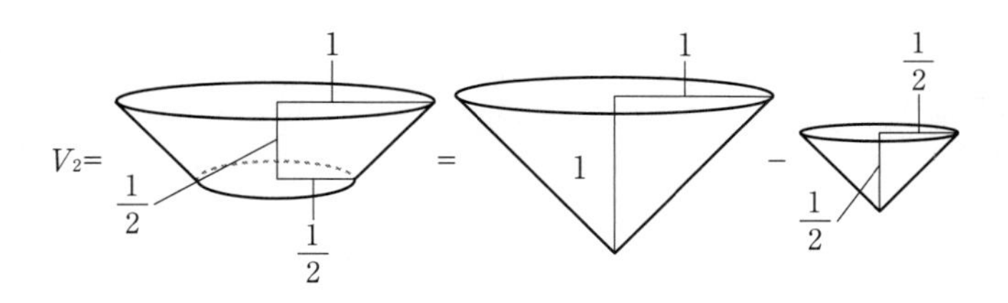

$$= \frac{1}{3}(\pi \cdot 1^2) \cdot 1 - \frac{1}{3}\left\{\pi\left(\frac{1}{2}\right)^2\right\} \cdot \frac{1}{2}$$

$$= \frac{\pi}{3} - \frac{\pi}{24} = \frac{7}{24}\pi$$

また、引き算で用いた2つの円錐の相似比が2：1なので、その体積比は$2^3 : 1^3 = 8 : 1$です。これを用いて、次のようにV_2を計算することもできます。

$$V_2 = \frac{1}{3}(\pi \cdot 1^2) \cdot 1 \times \frac{2^3 - 1^3}{2^3} = \frac{7}{24}\pi$$

V_3を求めるためにも、V_2での発想を応用します。また、V_2を求める際に求めた長さも用います。V_3は次図の立体の体積なので、円錐台（＝大きい円錐－小さい円錐）から円錐をくり抜きます。

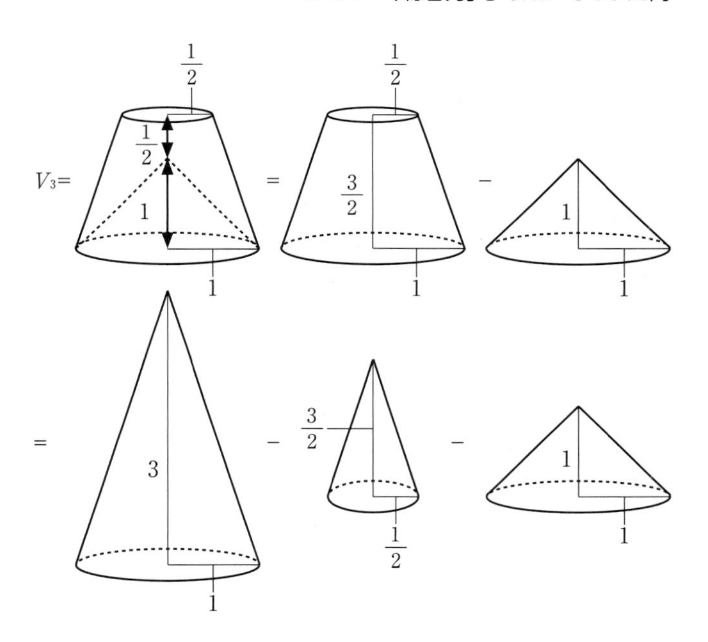

$$=\frac{1}{3}(\pi\cdot 1^2)\cdot 3-\frac{1}{3}\left\{\pi\left(\frac{1}{2}\right)^2\right\}\cdot\frac{3}{2}-\frac{1}{3}(\pi\cdot 1^2)\cdot 1$$

$$=\pi-\frac{\pi}{8}-\frac{\pi}{3}=\frac{13}{24}\pi$$

したがって、求める体積は、

$$V_1+V_2+V_3=\frac{\pi}{3}+\frac{7}{24}\pi+\frac{13}{24}\pi=\frac{28}{24}\pi=\frac{7}{6}\pi$$

この問題では、体積を求めることができるパーツに「分解」し、それを「統合」しました。そのためには、以下の3要素を活用した「総合力」が必須だったことがおわかりいただけると思います。

①基本的な数学の知識	円錐の体積
	相似比と体積比
②基本的な数学の技法	大きいパーツから余分を引く
③数学的な直感	回転体をイメージ

問題 5-2 **2009 北海道大学文理共通前期**

図はある三角錐 V の展開図である。ここで $AB = 4$、$AC = 3$、$BC = 5$、$\angle ACD = 90^\circ$ で $\triangle ABE$ は正三角形である。このとき、V の体積を求めよ。

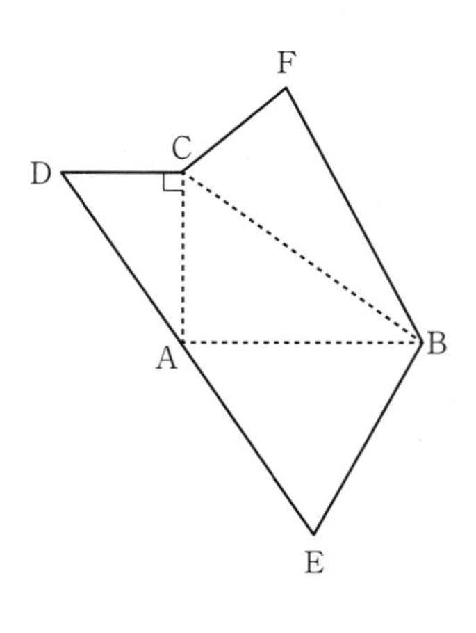

まず、「数学的な直感」により、

AB = 4、AC = 3、BC = 5 から∠ BAC = 90°

と気づきましょう。続いて、三角錐 V の体積を求めたいので、「体積 = $\frac{1}{3}Sh$ = $\frac{1}{3}$ ×底面積×高さ」を連想します。ここで、どの面を底面にするかがカギです。

問題の図の向きがヒントになっている可能性があるので、ひとまず回転させずにこのままの向きで考え始めます。△ ABC を底面とし、∠ BAC = 90°、∠ ACD = 90° であることを考慮しながら、展開図から三角錐をつくります。

そのときの頂点の移動を上から見ながら追いかけると、次図のようになります。頂点 D（E、F）から底面 ABC に下ろした垂線の足を H とし、三平方の定理等により、すぐに求めることができる長さも書き込んであります。

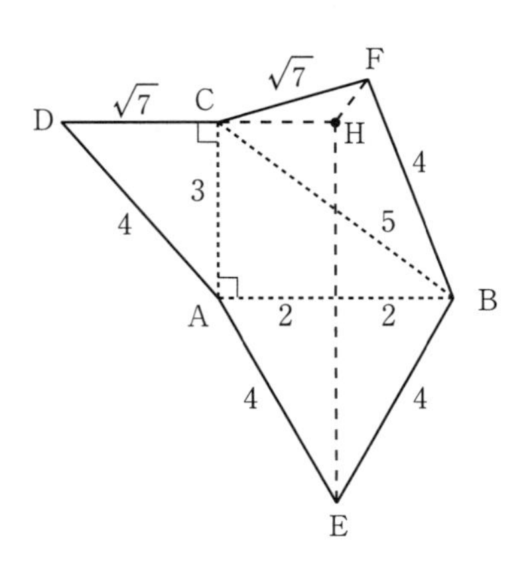

ということは、△ ABC を底面とし、三角錐 V を上から眺め

ると、次図のようになります。

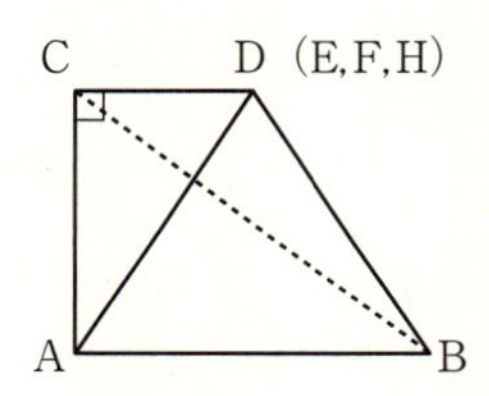

この図において、H は頂点 D の真下にあることを忘れずに、△CDH を取り出すと、CD = $\sqrt{7}$、CH = 2 なので、次図のようになります。これで、三角錐 V の高さが求まります。

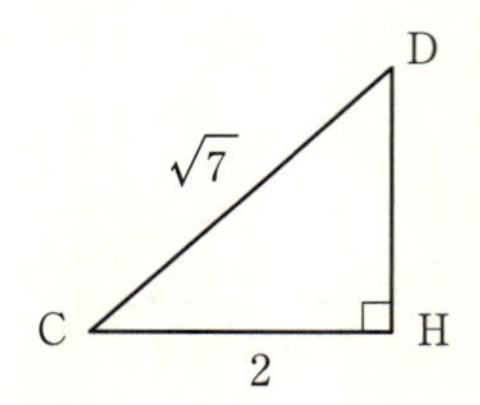

よって、三平方の定理より、

$$2^2 + \text{高さ}^2 = (\sqrt{7})^2$$
$$\text{高さ}^2 = 3$$

高さ＞0 なので、　　　　高さ $= \sqrt{3}$

したがって、求める体積は、

$$\frac{1}{3}\left(\frac{1}{2}\cdot 3\cdot 4\right)\sqrt{3} = 2\sqrt{3}$$

この問題では、展開図から俯瞰(ふかん)図をイメージする空間認識能力と、そのイメージを数式にする力が問われました。さらに断面図がポイントになることも少なくないので、空間図形の問題では、部分と全体を自由自在に行き来する「数学的思考力」がつねに問われるといっても過言ではありません。

問題 5-3

2004 名古屋大学理系前期

C_1、C_2、C_3 は、半径がそれぞれ a、a、$2a$ の円とする。いま、半径１の円 C にこれらが内接していて、C_1、C_2、C_3 は互いに外接しているとき、a の値を求めよ。

ヒント　２円の内接、外接

問題文中に、２円の「内接」「外接」という高校で学習する数学用語がありますので、確認します。それらは、次図のような位置関係になります。

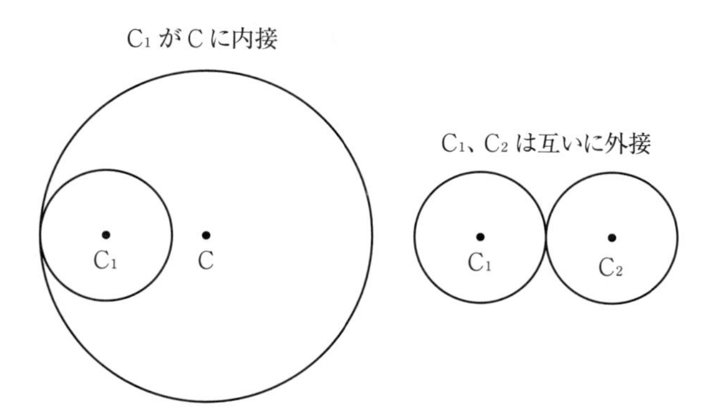

これらの図に長さを書き込むと、次図のようになります。

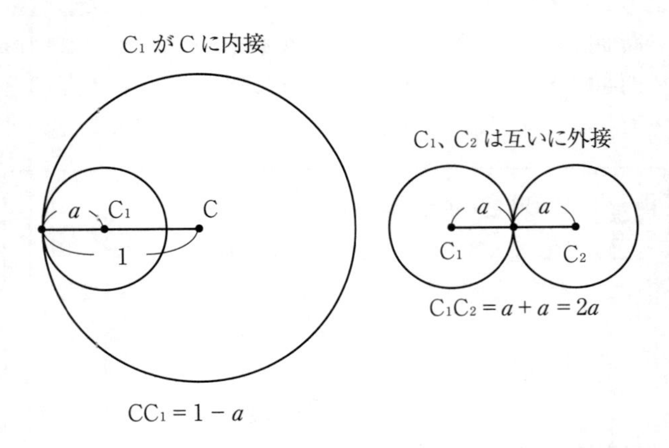

2つの円の「中心を結ぶ線分（直線）」は、このような問題における定番の補助線です。

解答 5-3 それでは、円 C 、C_1、C_2、C_3 の全体像を把握しておきます。円 C_1 と C_2 の接点を A とおきます。

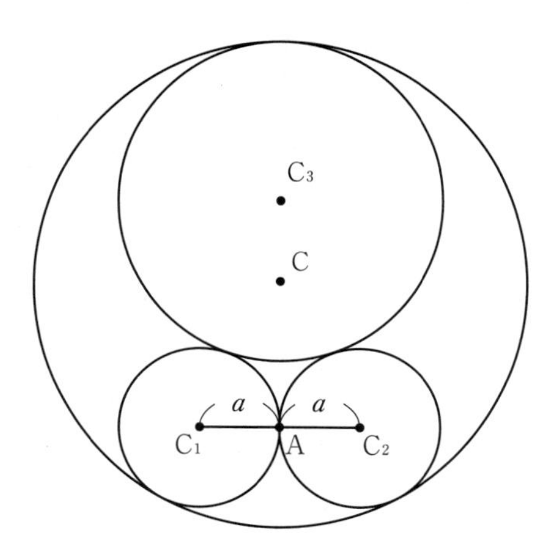

ここで、△ AC_1C_3 に関連した長さ等を書き込むと、次図のようになります。

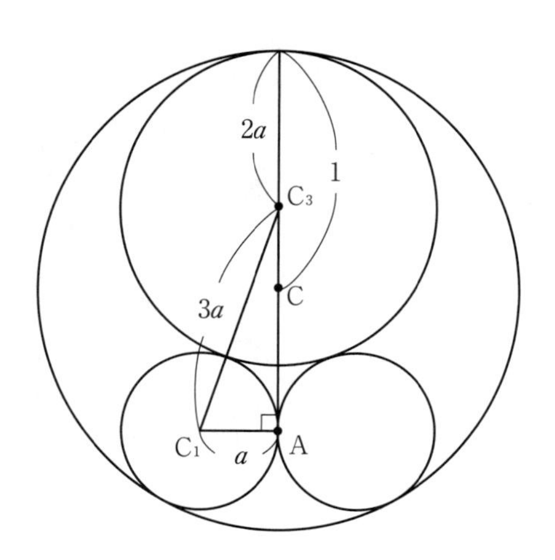

$\triangle AC_1C_3$において三平方の定理より、

$$AC_3^{\ 2} + AC_1^{\ 2} = C_1C_3^{\ 2}$$
$$AC_3^{\ 2} + a^2 = (3a)^2$$
$$AC_3^{\ 2} = 8a^2$$

$AC_3 > 0$なので、　　　　$AC_3 = 2\sqrt{2}\,a$

また、$CC_3 = 1 - 2a$なので、

$$CA = 2\sqrt{2}\,a - (1 - 2a) = 2(\sqrt{2} + 1)a - 1$$

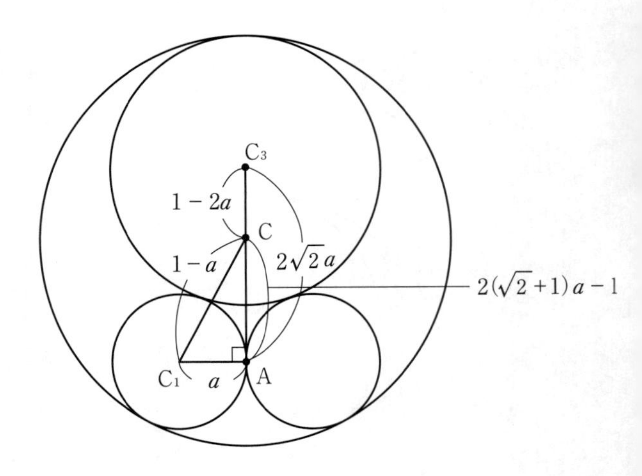

$\triangle ACC_1$において三平方の定理より、$AC_1^{\ 2} + AC^2 = CC_1^{\ 2}$ですから、

$$a^2+\left\{2(\sqrt{2}+1)a-1\right\}^2=(1-a)^2$$
$$a^2+\left\{2(\sqrt{2}+1)a\right\}^2-2\cdot 2(\sqrt{2}+1)a+1^2=1-2a+a^2$$
$$a^2+(12+8\sqrt{2})a^2-(4\sqrt{2}+4)a+1=1-2a+a^2$$
$$(12+8\sqrt{2})a^2-(4\sqrt{2}+2)a=0$$
$$(6+4\sqrt{2})a^2-(2\sqrt{2}+1)a=0$$
$$a\left\{(6+4\sqrt{2})a-(2\sqrt{2}+1)\right\}=0$$

$a\neq 0$なので、　$a=\dfrac{2\sqrt{2}+1}{6+4\sqrt{2}}=\dfrac{4\sqrt{2}-5}{2}$

２円の内接、外接という中学数学では出てこない用語は含まれていたものの、文字や根号があっても問題のない「計算力」と、定番の補助線を参考に「数学的な直感」をはたらかせる「数学的思考力」が活躍しました。

また、「分解：２つの直角三角形（$\triangle AC_1C_3$、$\triangle ACC_1$）のそれぞれに三平方の定理を適用する」と「統合：それらを組み合わせる」という流れは、図形問題においてよく目にします。

問題 5-4　**2001 東京大学文理共通前期**

半径rの球面上に４点Ａ、Ｂ、Ｃ、Ｄがある。
四面体ABCDの各辺の長さは、
$AB=\sqrt{3}$、$AC=AD=BC=BD=CD=2$
を満たしている。このときrの値を求めよ。

解答 5-4 まずは、図を描いておきます。

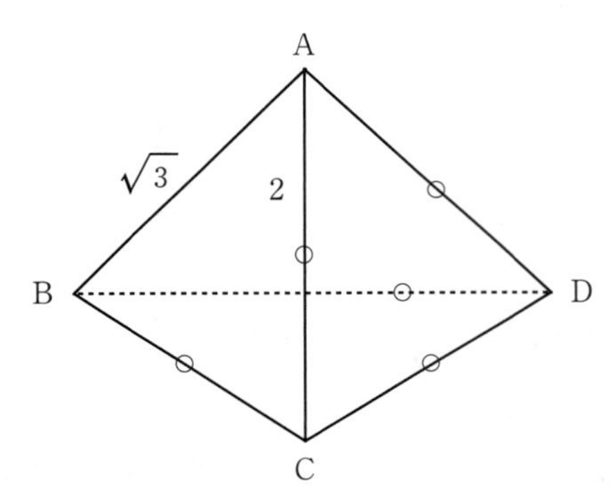

これだけ長さが等しい辺があるので、「対称面で切る」が自然と連想できたでしょうか？

辺 CD の中点を M として、対称面 ABM で切ると、その断面は、次図のような 1 辺の長さが $\sqrt{3}$ の正三角形になります。また、球の中心 O は OC = OD を満たすので、もちろんこの対称面上にあります。

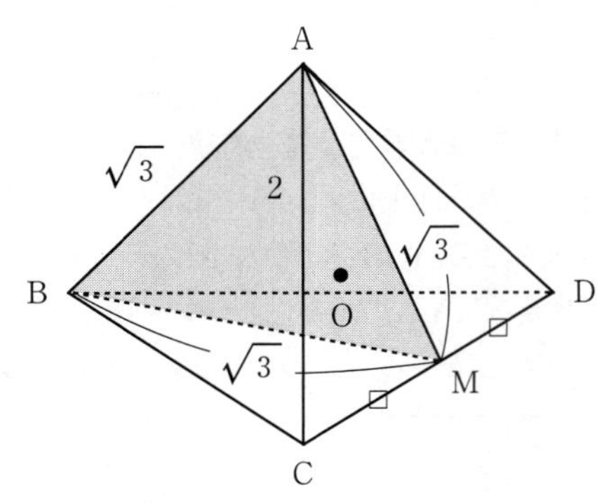

あとは、点Oが「A（またはB）から」も、「C（または D）から」も、距離 r の位置にあることを利用して方程式を立て、r を求めます。

まず、辺ABの中点をNとします。OA＝OBなので、Oは線分MN上にあります。r＝OA なので、OAを含む直角三角形OANを取り出します。

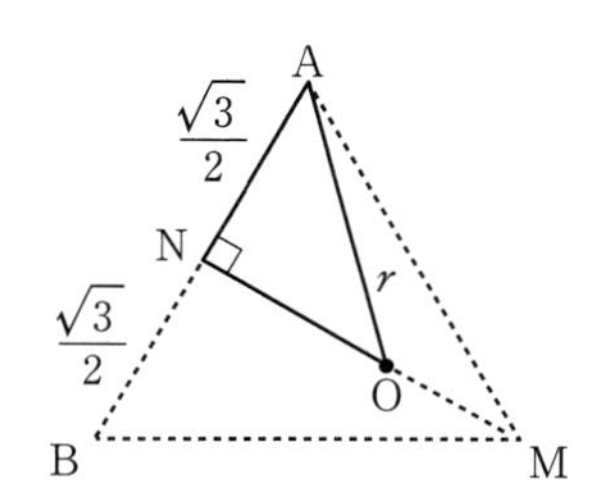

この△OANにおいて三平方の定理より、

$$\mathrm{ON}^2 + \left(\frac{\sqrt{3}}{2}\right)^2 = r^2$$

$$\mathrm{ON}^2 = r^2 - \frac{3}{4}$$

ON＞0ですから、　$\mathrm{ON} = \sqrt{r^2 - \frac{3}{4}}$

また、△ABMは正三角形なので、その中線MNの長さは $\frac{3}{2}$ ですから、次図より、　$\mathrm{OM} = \frac{3}{2} - \sqrt{r^2 - \frac{3}{4}}$

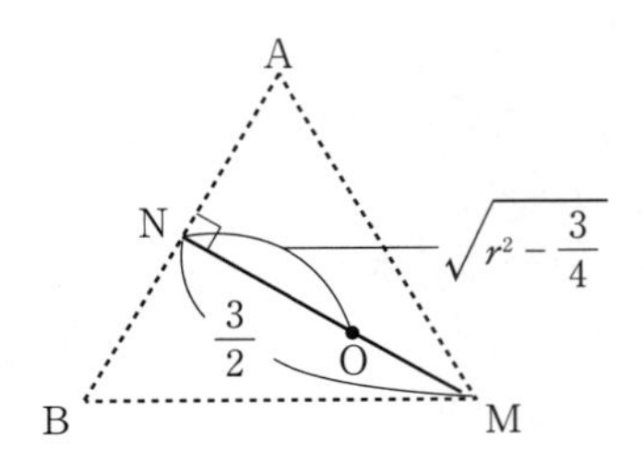

続いて、$r = \text{OC}$を利用するために、直角三角形OCMを取り出します。

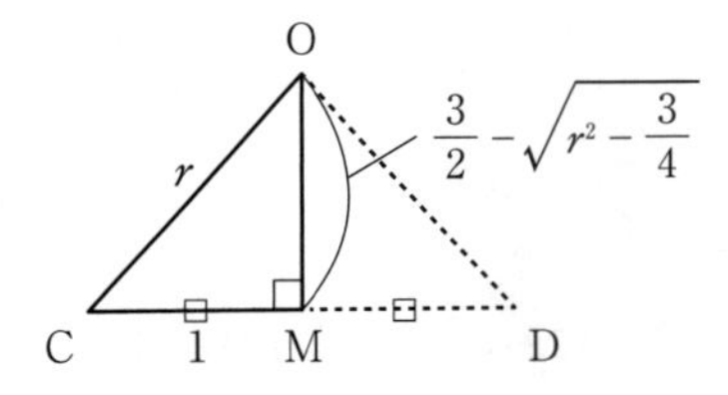

△OCMにおいて三平方の定理より、

$$r^2 = 1^2 + \left(\frac{3}{2} - \sqrt{r^2 - \frac{3}{4}}\right)^2$$

$$= 1 + \frac{9}{4} - 3\sqrt{r^2 - \frac{3}{4}} + r^2 - \frac{3}{4}$$

$$3\sqrt{r^2 - \frac{3}{4}} = \frac{5}{2}$$

$$\sqrt{r^2 - \frac{3}{4}} = \frac{5}{6}$$

$$r^2 - \frac{3}{4} = \frac{25}{36}$$

$$r^2 = \frac{13}{9}$$

$r > 0$ なので、　$r = \dfrac{\sqrt{13}}{3}$

「対称面で切る」という「基本的な数学の技法」をスタート地点にして、立体の特徴をつかみながら三平方の定理を組み合わせました。「空間図形における最も基本的な数学の技法」である「三角形（平面）を取り出す」も大活躍しました。適宜、適切な断面を考えながら立体を分析する「総合力」が求められる問題だったと思います。

問題２－３の解答２－３－２（80～84ページ）では、次図の２つの直角三角形において三平方の定理を使いました。

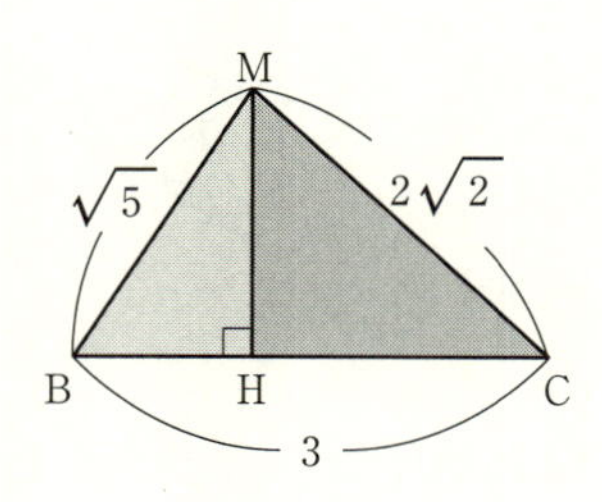

問題５－３では、次図の２つの直角三角形において三平方の定理を使いました。

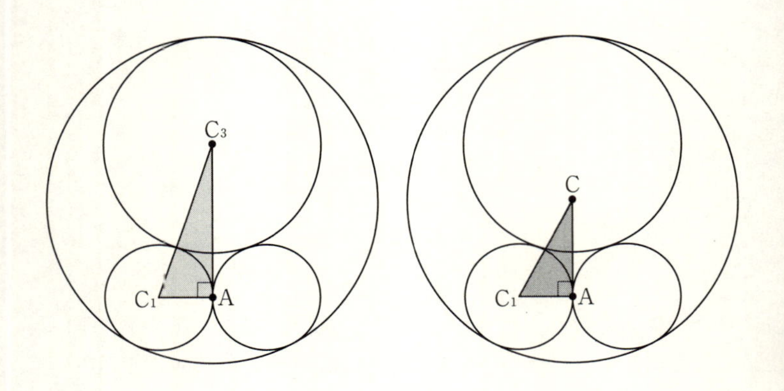

問題5-4では、次図の、異なる平面上の2つの直角三角形において三平方の定理を使いました。

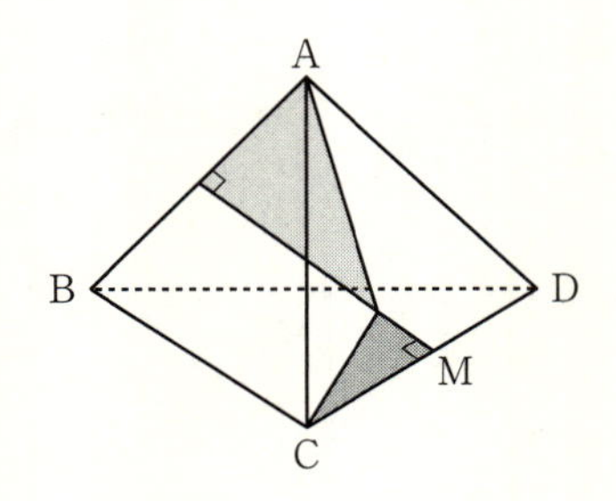

このような問題間の類似点、相違点を整理し、一般的な教訓を引き出すことが、「知識と思考のサイクルを回す」一例であり、それが数学的思考力と総合力のさらなる「しんか」につながります。

5-3 場合の数と確率

問題 5-5　**2012 東京工業大学前期**（小問集合の(2)）

1から6までの目がそれぞれ$\frac{1}{6}$の確率で出るさいころを同時に3個投げるとき、目の積が10の倍数になる確率を求めよ。

解答 5-5　目の積が10の倍数になるのは、投げたさいころ3個の中で、「2、4、6（2の倍数）の目」と「5（5の倍数）の目」が出たときです。よくある誤答例を紹介します。

「2、4、6の目が1個」、「5の目が1個」、「もう1個のさいころの目は自由」なので、求める確率は、

$$\underline{3\cdot1\cdot6} \times \underline{3\cdot2\cdot1} \times \left(\frac{1}{6}\right)^3 = \frac{1}{2}$$

↑どの目が出るか　　↑何個目で出るか

この誤答のどこが誤りか、指摘できますか？

たとえば、2と5と4の目が出る場合を、重複して計算している点です。重複する一例は、次の①、②です。

①どの目が出るかの「$\underline{3\cdot1\cdot6}$」により、次のように選びます。

どの目が出るか　3 ・ 1 ・ 6
　　　　　　　　↓　 ↓　 ↓
　　　　　　　　2　 5　 4

　続いて、この「2、5、4」が何個目で出るかを、「3・2・1」により、次のような順にします。

　　　　　　　　2　5　4
何個目で出るか　↓　↓　↓　⇒　2　5　4
　　　　　　　　1　2　3

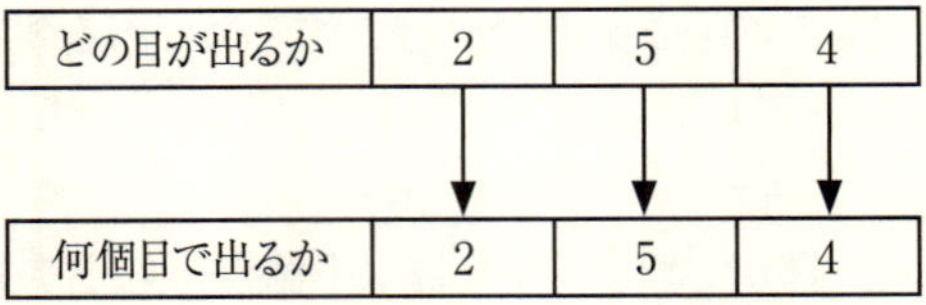

どの目が出るか	2	5	4
↓	↓	↓	↓
何個目で出るか	2	5	4

　しかし、次のように計算式を追うと、同じ目の出方が重複していることがわかります。

②どの目が出るかの「3・1・6」により、2、5、4ではなく、次のように選びます。

どの目が出るか　3 ・ 1 ・ 6
　　　　　　　　↓　 ↓　 ↓
　　　　　　　　4　 5　 2

続いて、この「4、5、2」が何個目で出るかを、「3・2・1」により、次のような順にします。

　　　　　　　　4　5　2
何個目で出るか　↓　↓　↓　⇒　2　5　4
　　　　　　　　3　2　1

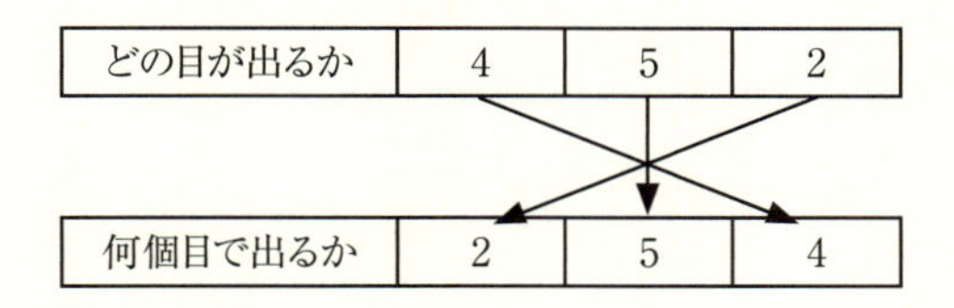

この誤答例では、①と②のように、同じ「2→5→4」と出る場合を重複して計算しています。

場合の数と確率では、自分で解いた方法が正解であったとしても、模範解答とは（表面的には）異なることも多いのです。また、この誤答のように、解答が間違っていて、どのように間違えたのかを自分で見つけなければならないことも多いのです。

誤答のほとんどは、「もれなく」「重複することなく」計算することができていないことが原因です。そのような誤答をしてしまったときこそ、「数学的思考力を鍛えるチャンス」です。「誤答分析」等を通して、数学的思考力を「しんか」させましょう！

それでは、重複が起こらないように、場合分けをする解答に進みます。

解答 5-5-1

1：「2、4、6の目が1個」、「5の目が1個」、「1、3の目が1個」のとき

$$\underbrace{3\cdot1\cdot2}_{\text{どの目が出るか}} \times \underbrace{3\cdot2\cdot1}_{\text{何個目で出るか}} \times \left(\frac{1}{6}\right)^3 = \frac{36}{6^3}$$

2：「2、4、6の目の異なる目が2個」、「5の目が1個」のとき

$$\underbrace{\underset{\text{どの2つの目が出るか}}{3}\cdot\underset{\text{5の目の1通り}}{1}}_{\text{どの目が出るか}} \times \underbrace{3\cdot2\cdot1}_{\text{何個目で出るか}} \times \left(\frac{1}{6}\right)^3 = \frac{18}{6^3}$$

3：「2、4、6の目の同じ目が2個」、「5の目が1個」のとき

$$\underbrace{\underset{\text{どの同じ目が出るか}}{3}\cdot\underset{\text{5の目の1通り}}{1}}_{\text{どの目が出るか}} \times \underbrace{3}_{\text{何個目で出るか}} \times \left(\frac{1}{6}\right)^3 = \frac{9}{6^3}$$

4：「2、4、6の目が1個」、「5の目が2個」のとき

$$\underline{3\cdot1\cdot1} \times \underset{\sim}{3} \times \left(\frac{1}{6}\right)^3 = \frac{9}{6^3}$$

↑どの目が出るか　↑何個目で出るか

1：～4：より、求める確率は、

$$\frac{36}{6^3}+\frac{18}{6^3}+\frac{9}{6^3}+\frac{9}{6^3}=\frac{72}{6^3}=\frac{1}{3}$$

解答 5-5-2 「目の積が10の倍数になる確率」を求めたいので、「1－目の積が10の倍数でない確率」として求める、「大きいパーツから余分を引く」解答です。10の倍数でない確率を、5の目が出るさいころの個数で場合分けをして求めます。

1：5の目が出ないとき

5以外の、「1～4と6」の5通りの目が自由に出る場合になるので、

$$5^3 \times \left(\frac{1}{6}\right)^3 = 125\left(\frac{1}{6}\right)^3$$

2：5の目が1個だけ出るとき

5の目以外の2個では、「2、4、6以外の1、3」の2通りの目が出る場合になります。

1、3の目がいずれかで揃っているときの確率は、

$$\underline{2} \times \underset{\sim}{3} \times \left(\frac{1}{6}\right)^3 = 6\left(\frac{1}{6}\right)^3$$

1、3のどちらの目が出るか　5の目が何個目で出るか

1の目と3の目がともに出るときの確率は、

$$\underline{3 \cdot 2 \cdot 1} \times \left(\frac{1}{6}\right)^3 = 6\left(\frac{1}{6}\right)^3$$

1、3、5の目が何個目で出るか

よって、5の目が1個だけ出る確率は、

$$6\left(\frac{1}{6}\right)^3 + 6\left(\frac{1}{6}\right)^3 = 12\left(\frac{1}{6}\right)^3$$

3：5の目が2個だけ出るとき

その5の目以外の1個では、「2、4、6以外の1、3」のいずれかの目が出る場合になるので、

$$\underline{2} \times \underset{\sim}{3} \times \left(\frac{1}{6}\right)^3 = 6\left(\frac{1}{6}\right)^3$$

1、3のどちらの目が出るか　5の目が何個目で出るか

4：5の目が3個とも出るとき

これはもちろん１通りですから、　$\left(\frac{1}{6}\right)^3$

1：〜4：より、目の積が10の倍数でない確率は、

$$125\left(\frac{1}{6}\right)^3+12\left(\frac{1}{6}\right)^3+6\left(\frac{1}{6}\right)^3+\left(\frac{1}{6}\right)^3$$

$$=144\left(\frac{1}{6}\right)^3=\frac{2}{3}$$

よって、目の積が10の倍数になる確率は、　$1-\frac{2}{3}=\frac{1}{3}$

場合の数と確率の問題は、「読解力」、計算しやすいように分解するための「知識、論理性、直感」、分解（場合分け）後のそれぞれの「計算力」等、「総合力」が求められます。問題が難しければ難しいほど、そのなかでも『読解力＝（初見の問題文を）読んで解き解（ほぐ）す力』がカギになります。

また、「場合の数と確率」の分野に限りませんが、なんとなく計算するのではなく、「この計算で、何を計算しているのか」をしっかりと把握しながら計算する「俯瞰する能力」、「複眼的な視点」も重要です。

問題 5-6　**2013 東北大学理系前期**

Ａ、Ｂの２人が、サイコロを１回ずつ交互に投げるゲームを行う。自分の出したサイコロの目を合計して先に６以上になった方を勝ちとし、その時点でゲームを終了する。Ａから投げ始めるものと

し、以下の問いに答えよ。

(1) Aがちょうど2回投げてAが勝ちとなる確率を求めよ。

(2) Bがちょうど2回投げてBが勝ちとなる確率を求めよ。

(3) Bがちょうど3回投げて、その時点でゲームが終了していない確率を求めよ。

解答 5-6 (1)まず、A→B→Aと順番に考えます。

Aの1回目で6の目が出て勝ちとなってはいけないので、その確率は、$\frac{5}{6}$ です。

同様に、Bの1回目で6の目が出て勝ちとなってはいけないので、その確率は、$\frac{5}{6}$ です。

そして、Aの2回目は、

1回目に1の目が出たならば、5以上の目

1回目に2の目が出たならば、4以上の目

⋮

となります。このように、A→B→A→B→……と投げるわけですが、この問題の近道は、「分解→A、Bで分けて計算」、「統合→その後でかける」とすることです。

Aがちょうど2回投げてAが勝ちとなるので、Bは1回しか投げていません。そこで、Bから考えていきます。Bの1回目は、6以外の目を出すと勝ちとならないので、先ほどと同様に、その確率は、$\frac{5}{6}$ ……①です。

１回目に１の目、２回目に５、６の目が出ることを（1，5〜6）のように表すことにすると、Ａがちょうど２回投げて、目を合計して６以上になるパターンは、

（1，5〜6）→２通り
（2，4〜6）→３通り
（3，3〜6）→４通り
（4，2〜6）→５通り
（5，1〜6）→６通り

よって、その確率は、

$$\frac{2+3+4+5+6}{6^2}=\frac{20}{6^2}=\frac{5}{9} \quad \cdots\cdots②$$

したがって、求める確率は、②×①なので、$\frac{5}{9}\cdot\frac{5}{6}=\frac{25}{54}$

⑵Ａが２回投げたときに、目を合計して６未満になる場合を、⑴と同様に表記すると、

（1，1〜4）→４通り
（2，1〜3）→３通り
（3，1〜2）→２通り
（4，　1　）→１通り

よって、Ａだけがちょうど２回投げて、目を合計して６未満になる確率は、

$$\frac{4+3+2+1}{6^2}=\frac{5}{18}$$

続いて、Bだけがちょうど2回投げて、目を合計して6以上になる確率は、(1)の②から $\frac{5}{9}$ です。

よって、求める確率は、 $\frac{5}{18} \cdot \frac{5}{9} = \frac{25}{162}$

(3) Aが3回投げたときに、目を合計して6未満になる場合を、(1)と同様に表記すると、

(1, 1, 1〜3) →3通り
(1, 2, 1〜2) →2通り
(1, 3, 1) →1通り
(2, 1, 1〜2) →2通り
(2, 2, 1) →1通り
(3, 1, 1) →1通り

よって、Aだけがちょうど3回投げて、目を合計して6未満になる確率は、

$$\frac{3+2+1+2+1+1}{6^3} = \frac{5}{108}$$

求める確率は、これがBでも起こる確率なので、

$$\left(\frac{5}{108}\right)^2 = \frac{25}{11664}$$

問題5-6を解くためには、自己を客観的に（俯瞰して）見る「複眼力」が欠かせません（問題5-5でも同様でした）。このような力は、フィルターバブルという言葉があるほどに偏った情報に触れることが多い時代においては、いっ

そう不可欠です。

このような力は、数学においても問題解決における障害を浮き彫りにし、A、Bで分けて計算する「分解」、その後でかける「統合」というアイデアに導いてくれます。

問題 5-7　**1995 京都大学文理共通前期**

1番から7番まで番号のついた席が番号順に一列に並んでいる。客が順に到着して次のように着席していくとする。

（イ）両端の席および先客が着席している隣の席に次の客が着席する確率は、すべて等しい。

（ロ）両隣が空席の席に着席する確率は、隣の席にすでに先客が着席している席または端の席に着席する確率に比べて2倍である。

このとき、

(1)3人目の客が到着したときに、すでに1番と3番の席に先客が着席している確率を求めよ。

(2)4人目の客が到着したときに、すでに2番、4番、6番の席に先客が着席している確率を求めよ。

映画館の座席選びが想像されるような「日常にひそむちょっとした数学」を題材にした問題です。自然な設定で、挑戦する意欲が湧く問題だと思います。

(1)次の2つの場合があります。

1：1人目の客が1番の席、2人目の客が3番の席に着席する場合

2：1人目の客が3番の席、2人目の客が1番の席に着席する場合

　これらの場合をそれぞれ求め、加えることにします。

1：1人目の客が1番の席、2人目の客が3番の席に着席する場合

　1人目の客が、それぞれの席に着席する確率は次の表のとおりです。

1	2	3	4	5	6	7
$\frac{1}{12}$	$\frac{1}{6}$	$\frac{1}{6}$	$\frac{1}{6}$	$\frac{1}{6}$	$\frac{1}{6}$	$\frac{1}{12}$

　続いて、1人目の客が1番の席に着席したとき、2人目の客が、それぞれの席に着席する確率は次の表のとおりです。

1	2	3	4	5	6	7
○	$\frac{1}{10}$	$\frac{1}{5}$	$\frac{1}{5}$	$\frac{1}{5}$	$\frac{1}{5}$	$\frac{1}{10}$

よって、この場合の確率は、 $\frac{1}{12}\cdot\frac{1}{5}=\frac{1}{60}$

2：1人目の客が3番の席、2人目の客が1番の席に着席する場合

　1：の表から、1人目の客が3番の席に着席する確率は $\frac{1}{6}$

です。そのうえで、２人目の客が、それぞれの席に着席する確率は次の表のとおりです。

1	2	3	4	5	6	7
$\frac{1}{8}$	$\frac{1}{8}$	○	$\frac{1}{8}$	$\frac{1}{4}$	$\frac{1}{4}$	$\frac{1}{8}$

よって、この場合の確率は、$\frac{1}{6}\cdot\frac{1}{8}=\frac{1}{48}$

1：、2：より、求める確率は、$\frac{1}{60}+\frac{1}{48}=\frac{9}{240}=\frac{3}{80}$

(2)４人目の客が到着したときに、すでに２番、４番、６番の席に先客が着席している確率なので、３人目までの客が、

$2\to4\to6$、$2\to6\to4$、$4\to2\to6$、
$4\to6\to2$、$6\to2\to4$、$6\to4\to2$

と着席する６通りをすべて求めればよいです。しかし、６通りは大変なので、工夫が求められます。

1	②	3	△4	5	⑥	7

２と６は左右対称な位置にあり、４は中央にあるので、

$2\to4\to6$　と　$6\to4\to2$
$4\to2\to6$　と　$4\to6\to2$
$2\to6\to4$　と　$6\to2\to4$

はペアにして計算します。

1：2→4→6（と6→4→2）

1人目の客が、それぞれの席に着席する確率は次の表のとおりでした。

1	2	3	4	5	6	7
$\frac{1}{12}$	$\frac{1}{6}$	$\frac{1}{6}$	$\frac{1}{6}$	$\frac{1}{6}$	$\frac{1}{6}$	$\frac{1}{12}$

続いて、1人目の客が2番の席に着席したとき、2人目の客が、それぞれの席に着席する確率は次の表のとおりです。

1	2	3	4	5	6	7
$\frac{1}{9}$	○	$\frac{1}{9}$	$\frac{2}{9}$	$\frac{2}{9}$	$\frac{2}{9}$	$\frac{1}{9}$

さらに、2人目の客が4番の席に着席したとき、3人目の客が、それぞれの席に着席する確率は次の表のとおりです。

1	2	3	4	5	6	7
$\frac{1}{6}$	○	$\frac{1}{6}$	○	$\frac{1}{6}$	$\frac{1}{3}$	$\frac{1}{6}$

よって、この場合の確率は、2→4→6に加えて6→4→2も求めていることを忘れずに考慮して、

$$\frac{1}{6}\cdot\frac{2}{9}\cdot\frac{1}{3}\times 2=\frac{2}{81}$$

2：4→2→6（と4→6→2）

1人目の客が4番の席に着席したとき（確率 $\frac{1}{6}$）、2人目の客が、それぞれの席に着席する確率は次の表のとおりです。

1	2	3	4	5	6	7
$\frac{1}{8}$	$\frac{1}{4}$	$\frac{1}{8}$	○	$\frac{1}{8}$	$\frac{1}{4}$	$\frac{1}{8}$

さらに、2人目の客が2番の席に着席したとき、3人目の客が、6番の席に着席する確率は、1：より $\frac{1}{3}$ です。

よって、この場合の確率は、4→2→6に加えて4→6→2も求めていることを忘れずに考慮して、

$$\frac{1}{6}\cdot\frac{1}{4}\cdot\frac{1}{3}\times 2=\frac{1}{36}$$

3：2→6→4（と6→2→4）

1人目の客が2番の席に着席し（確率 $\frac{1}{6}$）、2人目の客が6番の席に着席したとき（確率 $\frac{2}{9}$）、3人目の客が、それぞ

れの席に着席する確率は次の表のとおりです。

1	2	3	4	5	6	7
$\frac{1}{6}$	○	$\frac{1}{6}$	$\frac{1}{3}$	$\frac{1}{6}$	○	$\frac{1}{6}$

よって、この場合の確率は、$2 \to 6 \to 4$ に加えて $6 \to 2 \to 4$ も求めていることを忘れずに考慮して、

$$\frac{1}{6} \cdot \frac{2}{9} \cdot \frac{1}{3} \times 2 = \frac{2}{81}$$

1：～3：より、求める確率は、$\frac{2}{81} + \frac{1}{36} + \frac{2}{81} = \frac{25}{324}$

特別な知識はまったく必要ない問題だったと思います。本書の解説では表を利用しましたが、複雑な設定を把握し、問題を解きやすい形にまとめ、順序立てて整理する数学的思考力が問われています。

このような力は、数学においても必要になりますが、「研究、実社会といったあらゆる場面で必要となる能力」でもあるため、大学入試で問う価値が大いにあります。大量の情報やデータの読解力（＝読み解す力）をつけ、同じ問題文（や経験）からより多くを得ることにつなげましょう。

問題 5-8　**2020 京都大学文理共通前期**

縦4個、横4個のマス目のそれぞれに1、2、3、4の数字を入れていく。このマス目の横の並びを行といい、縦の並びを列という。どの行にも、どの列にも同じ数字が1回しか現れない入れ方は何通りあるか求めよ。右図はこのような入れ方の1例である。

1	2	3	4
3	4	1	2
4	1	2	3
2	3	4	1

解答 5-8　最初から「4 × 4マス」はちょっと……、という場合は、

3 × 3マス、さらに、2 × 2マス

から実験を始めるのも一手です（得意な方にはこの2ステップは不要かもしれません。しかし、実験が容易な場合からスタートして、問題の設定に慣れる場とするアイデアは、頭に入れておく価値があります）。

それでは、2 × 2マスのそれぞれに1、2の数字を入れていく場合から考えていきます。こちらは、

1	2
2	1

2	1
1	2

の2通りだけです。

続いて、3 × 3マスのそれぞれに1、2、3の数字を入れていく場合に進みます。こちらは、

1	2	3
2	3	1
3	1	2

1	2	3
3	1	2
2	3	1

1	3	2
2	1	3
3	2	1

以外にもたくさんあります。そこで、入れ方をすべて書き出すのではなく、計算を利用して入れ方が何通りあるかを求めることにします。

上の最初の２通りは、下のように１行目が、

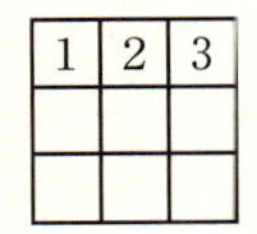

の場合の入れ方です。この１行目の入れ方は、左からそれぞれ、３通り、２通り、１通りあるので、$3 \cdot 2 \cdot 1 = 6$（通り）です。

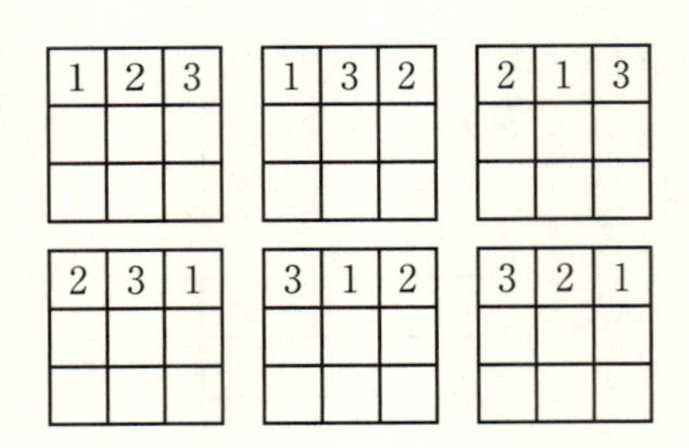

これらのそれぞれに対して、先ほどの「1行目が左から1、2、3」の場合は下のように、

1	2	3
2	3	1
3	1	2

1	2	3
3	1	2
2	3	1

の2通りがあるので、3 × 3のマスのそれぞれに1、2、3の数字を入れていく入れ方は、6・2 = 12（通り）です。

それでは本題の、4 × 4マスのそれぞれに1、2、3、4の数字を入れていく場合です。3 × 3マスの実験と同様に、1行目に入れてから、それに対して2行目以下が何通りあるかを考えます。

入れ替えを考えるので、「1、2、3、4」ではなく、「A、B、C、D」とし、A～Dがどのように1～4に対応するかを考えて、あとで4・3・2・1の24倍することにします。

まず、1行目に次図のように入れた場合を考えます。

A	B	C	D

続いて、2行目に入れていきます。こちらは、

①

A	B	C	D
B	A	D	C

②

A	B	C	D
B	C	D	A

③

A	B	C	D
B	D	A	C

④

A	B	C	D
C	A	D	B

⑤

A	B	C	D
C	D	A	B

⑥

A	B	C	D
C	D	B	A

⑦

A	B	C	D
D	A	B	C

⑧

A	B	C	D
D	C	A	B

⑨

A	B	C	D
D	C	B	A

の9通りがあります。このように、すべての場合を列挙するときには、「もれなく」「重複することなく」数え上げることが重要です。

そのため、今回ならば、2行目をBADC→BCDA→……と、辞書に並ぶ順番に並べたように、なんらかのルールに従って数え上げるようにしましょう。

さらに、3行目に入れると、そのそれぞれに対して4行目が自動的に1通りに決まります。3行目（と4行目）の入れ方は、①のように4通り考えられる場合

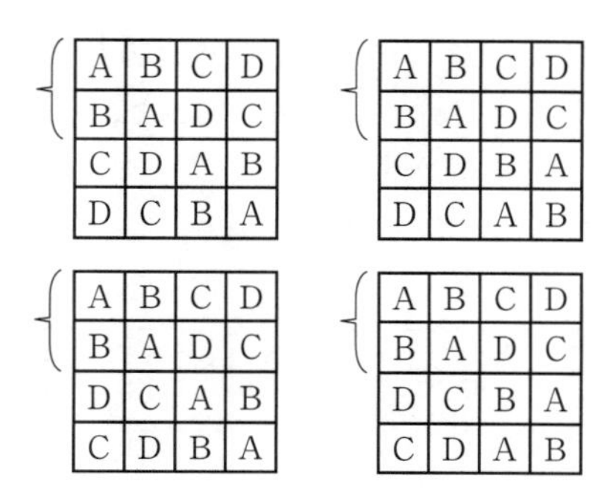

に加えて、②のように２通りしか考えられない場合

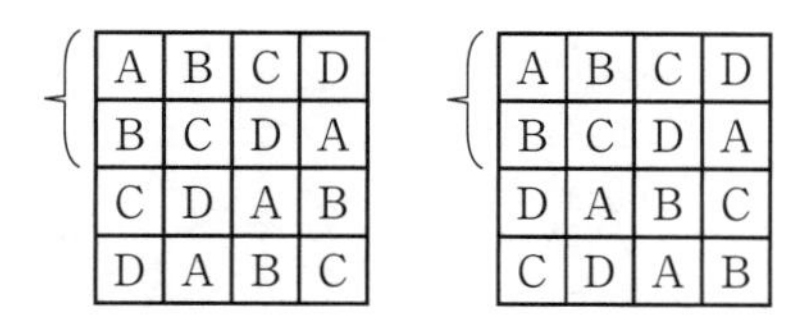

があります。これらを見分ける方法は、１行目と２行目において、A～Dの入れ替わりが、いくつの間で行われているかです。

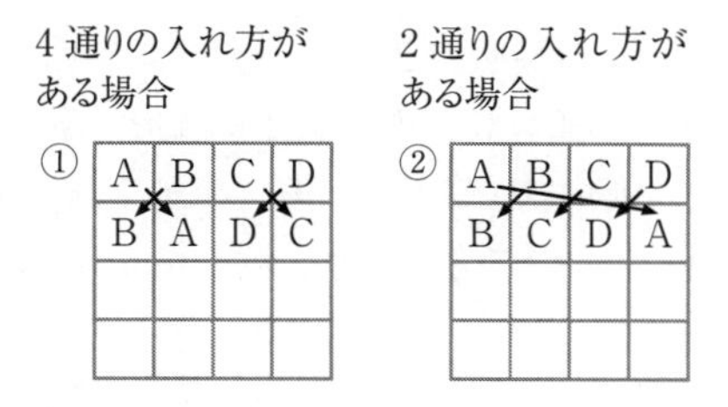

これをもとにして、2行目までの9通りの入れ方を、3行目（と4行目）が「4通りと2通りに分類」すると、下のようになります（4通りの入れ方がある場合にだけ、矢印を2本ずつ描き込みました）。

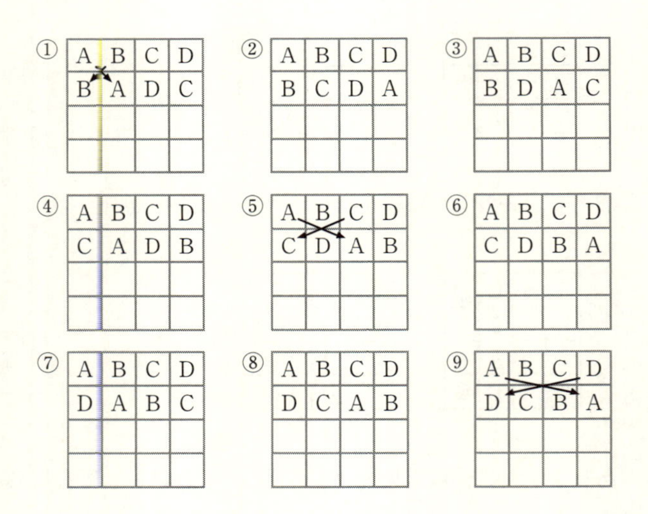

このように分類すると、9通りの入れ方のうち、

3通りは、3行目が4通り

6通りは、3行目が2通り

あります（このような、ABCDに対して、どの文字も同じ場所にない並びは、大学入試で頻出です。興味のある方は、このような「完全順列」について考えたり、調べたりしてみてください）。

よって、求める入れ方は、A～Dに1～4を入れる方法が24通りあったことと、2行目以降の考察から、

$$24(\underline{3}\cdot\underline{\underline{4}}+6\cdot 2)=576\text{（通り）}$$

場合の数（と確率）の問題では、「もれなく」「重複することなく」数え上げることが大切です。これは、ロジカルシンキングの基本である「MECE（ミーシー）」と同じです。MECEとは、「Mutually（相互に）」、「Exclusive（重複せず）」、「Collectively（集合的に）」、「Exhaustive（もれなく）」の頭文字からなる造語です。数学的思考力が、ビジネスシーン等に直接つながる好例でもあります。

閑話重大　失敗

236ページの「閑話重大　創造」などでも少し触れましたが、ここで「失敗」について踏み込んで考えてみます。

失敗について、アメリカの起業家の間では、「Fail fast, cheap, smart」という考えがあります。失敗（Fail）は決して悪ではなく、

速く（fast）……他者よりも少しでも先に失敗する
安く（cheap）……損害が少ないように失敗する
賢く（smart）……賢く学ぶ素材として失敗する

ことが大切です。

失敗を「ポジティブなもの」としてとらえることが重要で、特に、数学で失敗しても「誰にも迷惑はかからない」ので、数学の問題を解くことを通して、「失敗の方法論」についても学びましょう。

（計算力等を除いた）数学力の向上においては、勉強時間や消化した問題数にこだわる姿勢は、あまり意味をもちませ

ん。解けなかったときに「振り返る」ことが大きな意味をもちます。すなわち、解答が再現できるようにするインテイクは当然として、「なぜ解けなかったのか」を考えて、「一般的な教訓を引き出す」ところまでが1セットです。もちろん、解けた後にも振り返って、学びを得るようにしましょう。成功からも学ぶことが理想ですが、現実には失敗から学ぶことのほうが多いです。

「失敗＝失い、敗れる」ではなく、「失敗＝敗北を失う＝勝利（または引き分け）」ととらえ、「実験＝創造への助走」であるように、「失敗＝成功への助走」と考えましょう！

5-4 整数問題

整数問題は、よく使う技法が3つに限られてはいますが、「数学的思考力」が問われます。具体的にその例を挙げると、以下のとおりです。

- 解法の選択のために、実験からの「数学的な直感」
- それを答案にまとめ上げる「論理性」と「数学的な表現」

まさに「数学に関する多様な基礎力を総合的に評価する」ことができますので、京都大学では毎年必ず、整数問題が1問出題されます（他の難関大学でも、好んで出題されます）。

これから扱う本書最後の4問では、

前半2問……整数問題の技法の習熟度を上げる

後半2問……数学的思考力と総合力をしんかさせる

ことを目標とします。

問題 5-9

2022 神戸大学文系前期（(1)、(3)をカット）

m、n を $m > n$ をみたす自然数とし、

$\frac{1}{m}+\frac{1}{n}=\frac{1}{5}$ とする。m、n の値を求めよ。

解答 5-9-1

$\frac{1}{m}+\frac{1}{n}=\frac{1}{5}$ の両辺に $5mn$ をかけると、

$$5n + 5m = mn$$
$$mn - 5m - 5n = 0$$

なので、「整数問題の技法①積の形をつくる」により、

$$mn - 5m - 5n + 25 = 25$$
$$(m - 5)(n - 5) = 25$$

と変形でき、下の表のパターンに限られます。

$m-5$	-25	-5	-1	1	5	25
$n-5$	-1	-5	-25	25	5	1

これら６つの連立方程式を解き、$m > n$ をみたす自然数 m、n を探すと、$m = 30$、$n = 6$ が得られます。

解答 5-9-2

６つの連立方程式をすべて解くのは面倒ですから、「整数問題の技法②不等式で範囲を絞る」を取り入れます。

問題文に、「m、n を $m > n$ をみたす自然数」とあったの

で、「$m>n>0$」です。この辺々から5を引くと、
$m-5>n-5>-5$です。このように範囲を絞ることで、先ほどの表から、5つの場合を除外することができます。

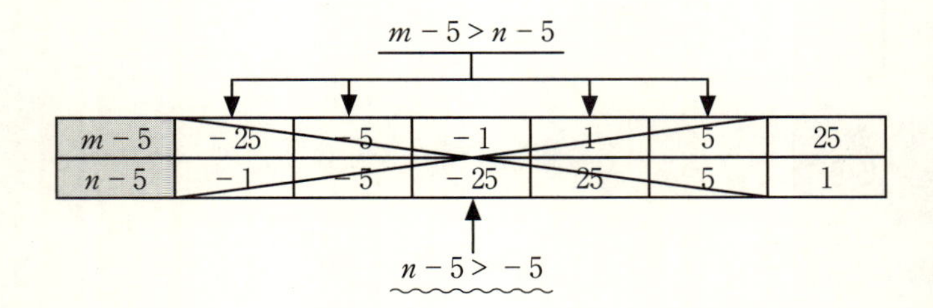

よって、$m-5=25$、$n-5=1$に絞ることができ、ずいぶんと計算量を減らせます。これを解いて、$m=30$、$n=6$です。

この問題では、せっかく$mn-5m-5n=0$ではなく$\frac{1}{m}+\frac{1}{n}=\frac{1}{5}$と与えられていますので、こちらを使って「整数問題の技法②不等式で範囲を絞る」を取り入れます。

分子が正の（1の）反比例のグラフは、右下がりのグラフです。すなわち、分母が（正の範囲で）小さくなるほど、分数全体の値は大きくなります。このことと、「m、nを$m>n$をみたす自然数」であることから、次図のようになります。

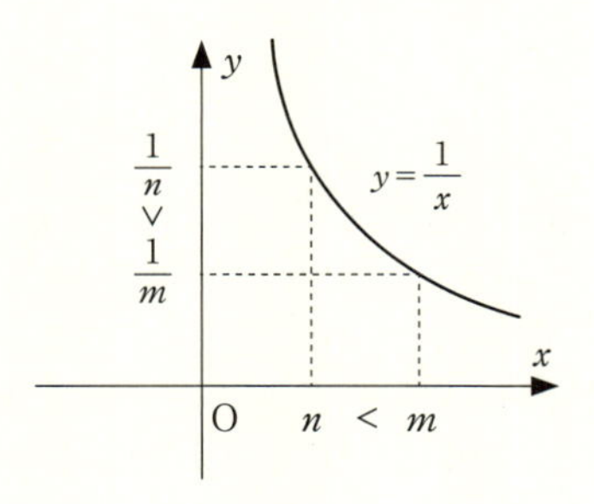

この図から、$\frac{1}{m} < \frac{1}{n}$ であることがわかるので、

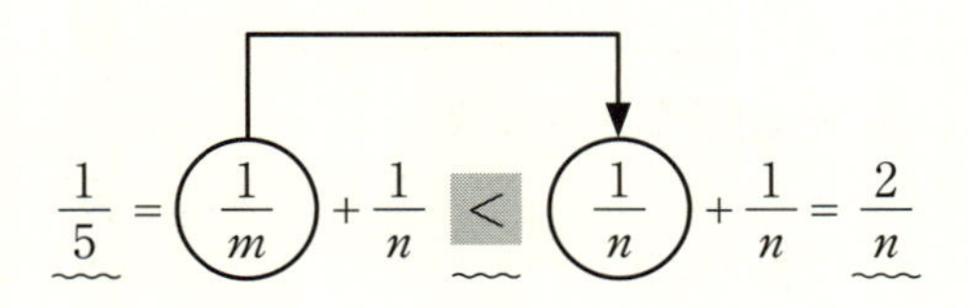

したがって、$\frac{1}{5} < \frac{2}{n}$ から、$n < 10$ であることがわかり、$n-5 < 5$ です。また、もちろん $m > n$ なので、$m-5 > n-5$ です。このように範囲を絞ることで、解答５-９-２と同様に $(m-5)(n-5)=25$ から $m-5=25$、$n-5=1$ のみが得られます。この方法でもずいぶんと計算量を減らすことができ、これを解いて、$m=30$、$n=6$ です。

解答5－9－3の

$$\frac{1}{5}=\underset{\sim\sim}{\frac{1}{m}}+\frac{1}{n}<\underset{\sim\sim}{\frac{1}{n}}+\frac{1}{n}=\frac{2}{n}$$

のように、「分母を小さく置き換える（$m \to n$）ことで不等式をつくる」技法は、頻出ですので、押さえておきましょう。

整数問題の技法をうまく組み合わせながら解くことで、「効率よく」「ミスを減らす」解答になります。基本問題での「回り道」を通して、技法を「発展、応用、組み合わせる」ことを学び、その後の良問や難問に備えましょう。

数学では、「近道＝邪道」であり、「回り道＝王道」です。

問題 5－10

1973 東京大学理科1次

（空所補充問題から改題）

次の方程式を満たす正の整数x、y、zの組をすべて求めよ。

$$\frac{1}{x}+\frac{3}{y}+\frac{1}{z}=2$$

解答 5－10

x、y、zの3文字の方程式なので、「整数問題の技法①積の形をつくる」は厳しそうです。そこで、「整数問題の技法②不等式で範囲を絞る」です。それでは、x、y、zの中で、どの文字の範囲を絞りましょうか？

yの範囲を絞る解答、（zでもいいですが今回は）xの範囲を絞る解答の両者で解きます。

解答5-10-1　yの範囲を絞る

本書では改題しましたが、問題５－10の原題は次のようなものでした。

次の□にあてはまる数は何か。

$$\frac{1}{x}+\frac{3}{y}+\frac{1}{z}=2、\quad x、y、z：正の整数$$

を満たす点（x, y, z）のうちで、$y=2$となるものは□個あり、$y=3$となるものは□個あり、$y=4$となるものは□個ある。そのほか、$y=$□となるものが２個あり、これらですべての場合がつくされている。

このように、原題はこの解答と同様の方針の空所補充問題でした。yの範囲を絞るために、「分母のx、zを小さく置き換えたい」ので、x、zの最小値を求めます。そのために、$x=z=1$はありえないことを背理法で示します。

x、zは正の整数なので、$\frac{1}{x}=1$、$\frac{1}{z}=1$と仮定しますと、

与式 $\frac{1}{x}+\frac{3}{y}+\frac{1}{z}=2$ は、

$$1+\frac{3}{y}+1=2$$

$$\frac{3}{y}=0$$

これを満たす正の整数yは存在しません（正の整数に限らなくても存在しません）。

この矛盾により、x、zの少なくとも一方は2以上の整数だとわかります。これを頭に入れながら、yの範囲を絞ります。

$$2 = \frac{1}{x} + \frac{3}{y} + \frac{1}{z}$$

の分母のx、zを「$x = 1$、$z = 2$」または「$x = 2$、$z = 1$」に小さく置き換えると、

$$\leqq \frac{1}{1} + \frac{3}{y} + \frac{1}{2}$$

$$= \frac{3}{y} + \frac{3}{2}$$

この波線部に注目し、$\frac{3}{2}$を移項すると、　$\frac{1}{2} \leqq \frac{3}{y}$

この両辺に$2y$（>0）をかけると、　　$y \leqq 6$

yが6以下の自然数であることまでは絞ることができました。しかし、まだ1、2、3、4、5、6の6通りが残っています。まだ多いので、もう一押ししましょう。

$y = 1$と仮定すると、与式は$\frac{1}{x} + \frac{3}{1} + \frac{1}{z} = 2$となり、

$\frac{1}{x} + \frac{1}{z} = -1$ なので、これを満たす正の整数の組（x, z）は存在しません。この矛盾により、$y = 1$も除外でき、$y \geqq 2$だとわかります。

以上から、$2 \leqq y \leqq 6$、すなわち、$y = 2$、3、4、5、6の場合に限られることがわかりました。それでは、$y = 2$から順に調べていきます。

1：$y = 2$のとき

与式は$\frac{1}{x} + \frac{3}{2} + \frac{1}{z} = 2$なので、$\frac{1}{x} + \frac{1}{z} = \frac{1}{2}$

このような方程式は「整数問題の技法①積の形をつくる」で解くことができました。この両辺に$2xz$をかけると、

$$2z + 2x = xz$$
$$xz - 2x - 2z = 0$$
$$xz - 2x - 2z + 4 = 4$$
$$(x - 2)(z - 2) = 4$$

x、y、zは正の整数で、$x \geqq 1$、$z \geqq 1$なので、

$$x - 2 \geqq -1、z - 2 \geqq -1$$

よって、

$x-2$	1	2	4
$z-2$	4	2	1

ですから、

x	3	4	6
z	6	4	3

ということは、$y=2$のときの方程式を満たす正の整数x、y、zの組は、

$(x,\ y,\ z) = (3,\ 2,\ 6)$、$(4,\ 2,\ 4)$、$(6,\ 2,\ 3)$

2：$y=3$のとき

与式は$\frac{1}{x}+\frac{3}{3}+\frac{1}{z}=2$なので、$\frac{1}{x}+\frac{1}{z}=1$

この両辺にxzをかけると、

$$z+x=xz$$
$$xz-x-z=0$$
$$xz-x-z+1=1$$
$$(x-1)(z-1)=1$$

x、y、zは正の整数で、$x\geqq 1$、$z\geqq 1$なので、

$$x-1\geqq 0、z-1\geqq 0$$

よって、

$x-1$	1
$z-1$	1

ですから、

x	2
z	2

ということは、$y=3$のときの方程式を満たす正の整数

x、y、zの組は、

$$(x,\ y,\ z) = (2,\ 3,\ 2)$$

3：$y = 4$のとき

与式は $\frac{1}{x} + \frac{3}{4} + \frac{1}{z} = 2$ なので、 $\frac{1}{x} + \frac{1}{z} = \frac{5}{4}$

この両辺に$20xz$をかけると、

$$20z + 20x = 25xz$$
$$25xz - 20x - 20z = 0$$
$$25xz - 20x - 20z + 16 = 16$$
$$(5x - 4)(5z - 4) = 16$$

x、y、zは正の整数で、$x \geqq 1$、$z \geqq 1$なので、

$$5x \geqq 5、5z \geqq 5$$

すなわち、　$5x - 4 \geqq 1$、$5z - 4 \geqq 1$

よって、

$5x-4$	1	2	4	8	16
$5z-4$	16	8	4	2	1

このなかでx、zが正の整数になるのは、1つ目、5つ目だけなので、

x	1	4
z	4	1

ということは、$y=4$のときの方程式を満たす正の整数x、y、zの組は、

$$(x,\ y,\ z) = (1,\ 4,\ 4)、(4,\ 4,\ 1)$$

4：$y=5$のとき

与式は$\frac{1}{x}+\frac{3}{5}+\frac{1}{z}=2$なので、 $\frac{1}{x}+\frac{1}{z}=\frac{7}{5}$

この両辺に$35xz$をかけると、

$$35z+35x=49xz$$
$$49xz-35x-35z=0$$
$$49xz-35x-35z+25=25$$
$$(7x-5)(7z-5)=25$$

x、y、zは正の整数で、$x \geqq 1$、$z \geqq 1$なので、

$$7x \geqq 7、7z \geqq 7$$

すなわち、 $7x-5 \geqq 2$、$7z-5 \geqq 2$

よって、

$7x-5$	5
$7z-5$	5

ですから、x、zは整数ではなく、$y=5$のときの方程式を満たす正の整数x、y、zの組は存在しません。

5：$y=6$のとき

与式は$\frac{1}{x}+\frac{3}{6}+\frac{1}{z}=2$なので、$\frac{1}{x}+\frac{1}{z}=\frac{3}{2}$

この両辺に$6xz$をかけると、

$$6z+6x=9xz$$
$$9xz-6x-6z=0$$
$$9xz-6x-6z+4=4$$
$$(3x-2)(3z-2)=4$$

x、y、zは正の整数で、$x\geqq 1$、$z\geqq 1$なので、

$$3x\geqq 3、3z\geqq 3$$

すなわち、　$3x-2\geqq 1$、$3z-2\geqq 1$

よって、

$3x-2$	1	2	4
$3z-2$	4	2	1

このなかでx、zが正の整数になるのは、1つ目、3つ目だけなので、

x	1	2
z	2	1

　ということは、$y=6$のときの方程式を満たす正の整数x、y、zの組は、

$$(x,\ y,\ z)=(1,\ 6,\ 2)、(2,\ 6,\ 1)$$

1：～5：より、求める正の整数x、y、zの組は、

$$(x,\ y,\ z)=(3,\ 2,\ 6)、(4,\ 2,\ 4)、(6,\ 2,\ 3)、(2,\ 3,\ 2)、\\(1,\ 4,\ 4)、(4,\ 4,\ 1)、(1,\ 6,\ 2)、(2,\ 6,\ 1)$$

解答5-10-2　xの範囲を絞る

　こんどはyではなく、xの範囲を絞ります。$\frac{1}{x}+\frac{3}{y}+\frac{1}{z}$の「分母の$y$、$z$を小さく置き換える」ために、$y$、$z$の下限を見極めます。

　まずはyから始めます。こちらは解答5－10－1と同様です。

　$y=1$と仮定すると、与式は$\frac{1}{x}+\frac{3}{1}+\frac{1}{z}=2$となり、$\frac{1}{x}+\frac{1}{z}=-1$なので、これを満たす正の整数の組（$x$，$z$）は存在しません。この矛盾により、$y \geqq 2$だとわかります。

　続いてzです。与式の$\frac{1}{x}+\frac{3}{y}+\frac{1}{z}=2$は、$x$と$z$を入れ替えても同じ式になるので、いったん$x \leqq z$とします。

　ここまでの$y \geqq 2$、$x \leqq z$を用いると、与式から、

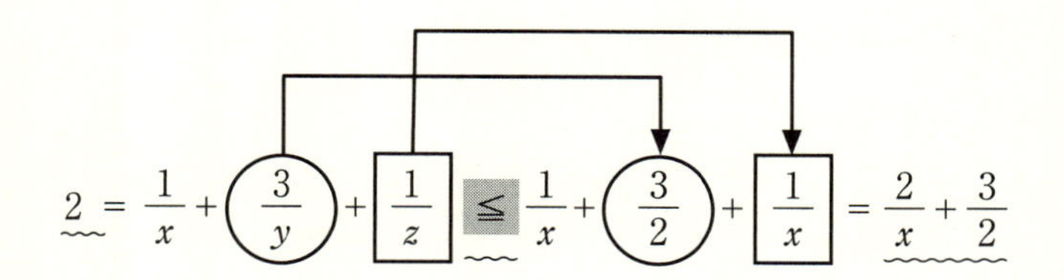

波線部に注目して $\frac{3}{2}$ を移項すると、　$\frac{1}{2} \leqq \frac{2}{x}$

この両辺に正の整数 $2x$ をかけると、　$x \leqq 4$

これで x の範囲を絞ることができ、$x = 1$、2、3、4の4パターンを調べればよいとわかりました。

1：$x = 1$ のとき（$z \geqq 1$）

与式は、　$\frac{1}{1} + \frac{3}{y} + \frac{1}{z} = 2$

よって、　$\frac{3}{y} + \frac{1}{z} = 1$

この両辺に yz をかけると、　$3z + y = yz$

$$yz - y - 3z = 0$$

積の形をつくると、　$(y - 3)(z - 1) = 3$

$z \geqq 1$ より $z - 1 \geqq 0$ なので、

$y-3$	1	3
$z-1$	3	1

→

y	4	6
z	4	2

よって、　$(x, y, z) = (1, 4, 4)$、$(1, 6, 2)$

2：$x=2$ のとき（$z \geqq 2$）

与式は、$\frac{1}{2}+\frac{3}{y}+\frac{1}{z}=2$

よって、$\frac{3}{y}+\frac{1}{z}=\frac{3}{2}$

この両辺に $2yz$ をかけると、$6z+2y=3yz$

$3yz-2y-6z=0$

積の形をつくると、$(y-2)(3z-2)=4$

$z \geqq 2$ より $3z-2 \geqq 4$ なので、

$y-2$	1
$3z-2$	4

→

y	3
z	2

よって、$(x, y, z)=(2, 3, 2)$

3：$x=3$ のとき（$z \geqq 3$）

与式は、$\frac{1}{3}+\frac{3}{y}+\frac{1}{z}=2$

よって、$\frac{3}{y}+\frac{1}{z}=\frac{5}{3}$

この両辺に $15yz$ をかけると、$45z+15y=25yz$

$25yz-15y-45z=0$

積の形をつくると、$(5y-9)(5z-3)=27$

$z \geqq 3$ より $5z-3 \geqq 12$ なので、

$5y-9$	1
$5z-3$	27

→

y	2
z	6

よって、 $(x, y, z) = (3, 2, 6)$

4：$x = 4$ のとき（$z \geqq 4$）

与式は、 $\frac{1}{4} + \frac{3}{y} + \frac{1}{z} = 2$

よって、 $\frac{3}{y} + \frac{1}{z} = \frac{7}{4}$

この両辺に $28yz$ をかけると、 $84z + 28y = 49yz$

$$49yz - 28y - 84z = 0$$

積の形をつくると、 $(7y - 12)(7z - 4) = 48$

$z \geqq 4$ より $7z - 4 \geqq 24$ なので、

$7y-12$	2	1
$7z-4$	24	48

→

y	2	×
z	4	×

よって、 $(x, y, z) = (4, 2, 4)$

1：～4：より、

$(x, y, z) = (1, 4, 4)$、$(1, 6, 2)$、$(2, 3, 2)$、
$(3, 2, 6)$、$(4, 2, 4)$

これは $x \leqq z$ という条件下での答えなので、この条件を除くと、

$(1, 4, 4) \rightarrow (1, 4, 4)$、$(4, 4, 1)$
$(1, 6, 2) \rightarrow (1, 6, 2)$、$(2, 6, 1)$
$(2, 3, 2) \rightarrow x = z = 2$ なので $(2, 3, 2)$ のみ

(3, 2, 6) → (3, 2, 6)、(6, 2, 3)

(4, 2, 4) → $x = z = 4$ なので (4, 2, 4) のみ

これらの8組が答えになります。

2つの解答を比較して、どちらの計算が楽に感じられたでしょうか？

x の範囲を絞った解答5－10－2のほうだったと思います。

考えてみると、与式は、$\frac{1}{x}+\frac{3}{y}+\frac{1}{z}=2$ だったので、3つの数 $\frac{1}{x}$、$\frac{3}{y}$、$\frac{1}{z}$ の和が2になるような正の整数の組を探していました。

$x = 1$ とすると、$\frac{1}{x}=\frac{1}{1}=1$

$y = 3$ とすると、$\frac{3}{y}=\frac{3}{3}=1$

なので、$\frac{1}{x}$ と $\frac{3}{y}$ が同じ値をとるときを考えると、$\frac{1}{x}$ のほうが小さい値を代入すればよいことがわかります。ということは、($x \leqq z$ とすれば)「x の値がとりうる値の範囲のほうが狭そうだ」と事前に見当がつきます。

整数問題には基本となる3つの技法がありますが、小さなアイデアや気づき次第で、短く、エレガントな解答になることが、その面白さだと思います。整数問題は「数学的思考力を身につける格好の題材」です。

問題 5-11　**2010 大阪大学理系前期**

l、m、n を３以上の整数とする。

等式 $\left(\frac{n}{m}-\frac{n}{2}+1\right)l=2$ を満たす l、m、n の組をすべて求めよ。

解答 5-11　問題文中には、l、m、n と３つの整数があります。このようなときは「整数問題の技法②不等式で範囲を絞る」で攻めることが多いので、その方針で解答を始めます。

式に番号を振っておきます。

$$\underline{\left(\frac{n}{m}-\frac{n}{2}+1\right)}\,l=2 \quad \cdots\cdots ①$$

$\underline{\frac{n}{m}-\frac{n}{2}+1}$ は、３以上の整数 l とかけると正の数 2 になるので、

$$\underline{\frac{n}{m}-\frac{n}{2}+1}>0$$

です。この両辺に $2m$（>0）をかけると、

$$2n-mn+2m>0$$
$$mn-2m-2n<0$$

この左辺から、「整数問題の技法①積の形をつくる」を連想

して、

$$mn-2m-2n+4<4$$
$$(m-2)(n-2)<4$$

を得ることができます。問題文に「m、n を3以上の整数とする」とあったことを考慮すると、$m-2 \geqq 1$、$n-2 \geqq 1$ なので、

$m-2$	1	1	1	2	3
$n-2$	1	2	3	1	1

よって、

m	3	3	3	4	5
n	3	4	5	3	3

あとは、この5パターンを調べます。

1：$(m, n)=(3, 3)$ のとき

与式は、$\left(1-\dfrac{3}{2}+1\right)l=2$

よって、$l=4$

これは、$l \geqq 3$ を満たします。

したがって、$(l, m, n)=(4, 3, 3)$

2：$(m,\ n) = (3,\ 4)$ のとき

与式は、$\left(\frac{4}{3} - \frac{4}{2} + 1\right) l = 2$

よって、$l = 6$

これは、$l \geqq 3$ を満たします。

したがって、$(l,\ m,\ n) = (6,\ 3,\ 4)$

3：$(m,\ n) = (3,\ 5)$ のとき

与式は、$\left(\frac{5}{3} - \frac{5}{2} + 1\right) l = 2$

よって、$l = 12$

これは、$l \geqq 3$ を満たします。

したがって、$(l,\ m,\ n) = (12,\ 3,\ 5)$

4：$(m,\ n) = (4,\ 3)$ のとき

与式は、$\left(\frac{3}{4} - \frac{3}{2} + 1\right) l = 2$

よって、$l = 8$

これは、$l \geqq 3$ を満たします。

したがって、$(l,\ m,\ n) = (8,\ 4,\ 3)$

5：$(m,\ n) = (5,\ 3)$ のとき

与式は、$\left(\frac{3}{5} - \frac{3}{2} + 1\right) l = 2$

よって、$l = 20$

これは、$l \geqq 3$ を満たします。

したがって、$(l,\ m,\ n) = (20,\ 5,\ 3)$

1：～5：より、$(l, m, n) = (4, 3, 3)$、$(6, 3, 4)$、
$(12, 3, 5)$、$(8, 4, 3)$、
$(20, 5, 3)$

整数問題の技法の「①積の形をつくる」、「②不等式で範囲を絞る」の組み合わせにより、解くことができました。このような「ブリコラージュ」ができるためには、「凡事徹底」を心がけ、「困ったら基礎、技法に戻る」姿勢が大切です。

問題 5-12 **2010 一橋大学経済学部後期**

aを正の奇数とする。次の（i）、（ii）をみたす整数b、cの組がちょうど3つ存在するような最小のaを求めよ。
（i）a、b、cは直角三角形の3辺の長さである。
（ii）$a < b < c$

解答 5-12 「最小のaを求めよ」と問題文にありますので、いちばん小さいaが求まりさえすればOKです。

このことから、（類題の経験がないと厳しいかと思いますが）経験に裏づけられた「数学的な直感」により、正の奇数を小さいものから順番に調べていこう、と考えます。

また、（i）と三平方の定理により、

$$a^2 + b^2 = c^2$$
$$b^2 + c^2 = a^2$$
$$c^2 + a^2 = b^2$$

のいずれかが成り立ちますが、（ⅱ）からcが最も長い辺なので、cが斜辺の長さであることを考慮して、

$$a^2+b^2=c^2 \quad \cdots\cdots Ⓐ$$

が成り立つことがわかります。

「aを正の奇数」「整数b、c」と問題文にあるので、整数問題です。整数問題の３つの技法のうち、「①積の形をつくる」がよさそうです。Ⓐより、

$$c^2-b^2=a^2$$
$$(c+b)(c-b)=a^2 \quad \cdots\cdots Ⓑ$$

bとcは整数なので、$c+b$と$c-b$はもちろん整数です。

また、$b<c$だったので、$c-b>0$、さらに、

$(c+b)-(c-b)=2b>0$であり、$0<a<b<c$も合わせて、

$$c+b>c-b>0$$

ここまでをまとめると、

- 小さいものから順番に調べていくこと
- $(c+b)(c-b)=a^2$　……Ⓑ
- $c+b$と$c-b$は整数
- $c+b>c-b>0$
- $(a<)\ b<c$

この５つを頭に入れながら、解き進めていきます。

１：$a=1$のとき

Ⓑは、$(c+b)(c-b)=1\ (=1^2)$

$c+b>c-b>0$を満たす整数b、cの組は存在しません。

2：$a = 3$のとき

Ⓑは、$(c + b)(c - b) = 9\ (= 3^2)$

$c + b$	9	3
$c - b$	1	3

よって、整数$c + b$、$c - b$の組が多くとも1組、すなわち整数b、cの組は多くとも1組しか存在しません（実際に$c + b = 9$、$c - b = 1$を解くと、$b = 4$、$c = 5$の1組しか存在しません）。

3：$a = 5$、7のとき

2：と同様に、aが素数のときは、多くとも整数b、cの組は1つしかありません。

4：$a = 9$のとき

Ⓑは、$(c + b)(c - b) = 81\ (= 3^4)$

$c + b$	81	27	9
$c - b$	1	3	9

よって、多くとも整数b、cの組は2つしかありません（実際に連立方程式を解くと、$b = 40$、$c = 41$と$b = 12$、$c = 15$の2組が存在します）。

5：$a = 11$、13のとき

2：と同様に、aが素数のときは、多くとも整数b、cの組は1つしかありません。

6：$a = 15$のとき

Ⓑは、$(c+b)(c-b) = 225\ (= 15^2 = 3^2 \cdot 5^2)$

$c+b$	225	75	45	25	~~15~~
$c-b$	1	3	5	9	~~15~~

よって、

$(c+b,\ c-b) = (225,\ 1)$ のとき　$b = 112$、$c = 113$

$(c+b,\ c-b) = (75,\ 3)$ のとき　$b = 36$、$c = 39$

$(c+b,\ c-b) = (45,\ 5)$ のとき　$b = 20$、$c = 25$

$(c+b,\ c-b) = (25,\ 9)$ のとき　$b = 8$、$c = 17$

以上の4パターンがありそうですが、いかがでしょうか？

この最後の場合は、$a = 15$なので、$a = 15 > 8 = b$、すなわち$a > b$なので、条件を満たしません。よって、整数b、cの組がちょうど3つ存在します。

1：〜6：より、求める最小の奇数aの値は15です。

ピタゴラス数（$a^2+b^2=c^2$ を満たす（a, b, c）の組）が関係した問題でした。

三平方（ピタゴラス）の定理　$a^2+b^2=c^2$

オイラーの等式　$e^{\pi i}+1=0$

質量とエネルギーの等価性　$E=mc^2$

は、（数学が好きな人にとって？）文句なしに美しい数式です（私自身も美しいと思っているため、この問題を本書の最後の問題に選びました）。そのためか、三平方の定理は、中学数学の内容であるにもかかわらず、大学入試問題でも最頻出の事項となっています。

また、「a、b、c は直角三角形の３辺の長さである」、「正の奇数 a、整数 b、c」から、この問題が『図形問題と整数問題の融合問題』であったことからも、本書を締めくくるのにふさわしかったと思います。「融合問題」を解くためにも、数学が、「代数学」「解析学」「幾何学」「確率・統計」とバラバラになっているのではなく、「体系化」されていることが重要です。

そして、このような問題を通して考え抜くことは、失敗にくじけず、地道に努力する気力を養い、誰にも奪うことのできない貴重な経験になります。

閑話重大　学習法を学ぶ

脳の大きさは、「グー2個分」です。それでは、脳の重量は体重のおよそ何%でしょうか？　また、脳が消費するエネルギーは、全体のおよそ何%でしょうか？

脳の重量は体重の約2%であり、消費エネルギーは全体の約20%といわれています。ここに、脳がいかに“大食漢”であるかが表れています。これだけのエネルギーを消費しているのですから、脳を使わない手はありません。そこで重要になるのは、「どのように使うか」です。

AIの発展が続くVUCAの時代に、人間の脳に求められるのは、「思い出す（記憶する）」ではなく、「思いつく（創造する）」ことだと思います。インターネットで検索すればなんでも（少なくとも表面上は）わかる現在だからこそ、もともとは読み書きの能力を意味した「リテラシー」が、「既存の知識を活用して、新しい情報を（読みを通じて）理解する能力」として、よりいっそう求められます。

そこでキーワードになるのが「転移」です。ここで転移とは、新しい情報を理解するために、知識等を活用することです。加えて、断片的な知識ではなく、「概念理解」ができている必要があります。概念理解とは、一方の理解が他方の理解に影響し、影響されるような深い理解のことを指します。

本書では、数学を次図の左側のように学びましたが、これはVUCAの時代に求められる右側の学びとリンクしています。

本書の数学の学習法	VUCAの時代に求められる学習法
初見の問題解決	リテラシー（新しい情報の理解）
↑	↑
思考=知識の活用（ブリコラージュ）	転移（知識の活用）
↑	↑
体系化された知識	概念理解

「学習法を学ぶ」ことは、数学に限らず、さまざまな科学やスポーツ等といったあらゆる場面において生かすことができます。また、「学び直し」「リスキリング」「リカレント教育」が一段と要求される「人生100年の時代」に、必ず役に立ちます。

おわりに

あなたが、学校がない世界にいると想像してみてください。

あなたは、誰から読み書きを学びますか？

あなたは、誰から数学を学びますか？

そして、あなたは、その世界でどのような人生を送りますか？

少し考えるだけで、「学校」や「学び」の重要性に驚くのではないでしょうか。学校が身近にある現代の日本では忘れがちですが、「学び」には、人生の選択肢を増やし、人生を変え、世界を変える力があります。

本書の最終問題です。実際に私が、小学校高学年の頃、公園で遊んでいるときに友だちに出された思い出の問題です。遊びを中断して、木の枝を並べて考えたあの瞬間を、つい先日のように頭の中に描くことができます。

最終問題

6本のマッチ棒を使って、正三角形を4つつくれ。

平面で考えていては、答えにたどり着けません。「6本のマッチ棒で正四面体をつくる」と正三角形を4つつくることができます。

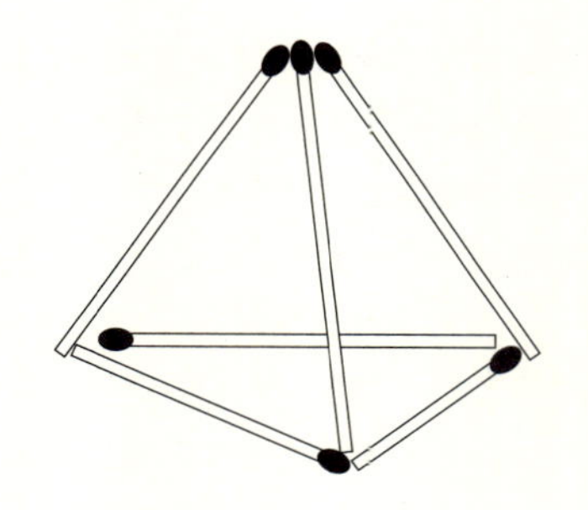

この問題を（最初は？）平面で考えてしまうように、人間の脳は、無意識のうちに制約を設けてしまいます。そうすることによって、脳は負荷を減らし、自動的に情報処理ができるように進化してきました。そのため、その制約を複眼的に意識し、その枠を飛び出すことが、行き詰まったときの打開策や、他者とは異なる創造につながります。

数学の学びにおいても、それを数学のみで完結させることなく、数学の枠を飛び出して活躍させ、実社会に転移させることを心がけていただきたいと思います。

私自身も、小さな創造ではありますが、「数学からの学び」＋「バスケットボールからの学び」＋「音楽からの学び」＋「読書からの学び」＋……によって、本書を書き上げました。

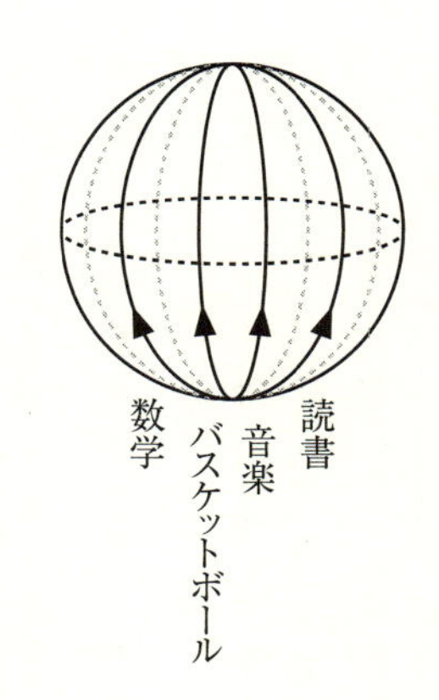

16ページにも似た図を載せましたが、これらの図のように、

個々の学び
→さまざまな学びを結集
→ふたたび、個々の学びに還元
→そこでの学びも含めて、再度、学びを結集
→ふたたび、個々の学びに還元
……

というサイクルで「個々の学びを統合した『学び』」を『しんか』させてください。

すべての読者のみなさんに該当する目的地として、「考える楽しさ」「解けた喜び」「わかる喜び」を感じることを挙げ、家庭教師の目線で本書を書き進めました。本書が、個々の問題の解法を学ぶのみならず、数学的思考力を身につけ、数学の「神髄」に迫る「しんか（神化）」につながっていれば、望外の喜びです。

そして、数学に興味があり、本書を手に取ってくださったみなさんにとって、本書が、数学力をいっそう「しんか」させ、学び方も「しんか」させ、人生を「しんか」させるきっかけになることを願っています。

筆を擱くにあたり、以下のみなさんに感謝の気持ちを述べさせていただきます。

高校の恩師で、それ以来、私の数学の師である五十川貢先生
教育実習の教え子で、大手予備校講師の谷口貴仁先生

過労で倒れるまで患者さんの治療に臨む、ご自身の身体も大切にする必要のある長澤さん
大学時代、あれほど積ん読が得意だったにもかかわらず、今作でも期待以上にしっかりと校正をしてくれた前田君

バスケットボールの好敵手として、東大戦等でしのぎを削った、学習院大学の篠ケ谷圭太教授

数学はもちろん、教育全般についても造詣が深い渡邉強矢先生
北海道出身にもかかわらず、岐阜愛にあふれる髙橋賢伍先生

日常的に多くの刺激をいただいている、岐数会、未来を創る学びの先生方
勤務校を、最高の職場にしてくださる先生方、事務職員の方々
発言、質問、誤答等から、さまざまな学びをもらった高いレベルでの文武両道を実現している生徒のみなさん

企画実現の機会をいただいた講談社様
的確なアドバイス等をいただき、本書がより良いものになるために支えていただいた編集者の倉田卓史さん

人生の節目に的確なアドバイスをくれた父
無償の愛情を注いでくれた母
最高の仲間かつ、最強のライバルの弟
明るく前向きで、たくさんの笑顔をもらった妹
いつも支えてくださる親族の皆様

皆様の支えがなければ、本書の完成はありませんでした。本当に、ありがとうございました！

最後に、最愛の妻と子どもたち、最高の毎日をありがとう！

2024年9月吉日

杉山 博宣

さくいん

【人名】

【アルファベット・数字】

【あ行】

【か行】

【さ行】

【た・な行】

N.D.C.410　317p　18cm

ブルーバックス　B-2274

中学数学で解く大学入試問題
数学的思考力が驚くほど身につく画期的学習法

2024年10月20日　第1刷発行
2025年1月23日　第3刷発行

著者　杉山博宣
発行者　篠木和久
発行所　株式会社講談社
〒112-8001　東京都文京区音羽2-12-21
電話　出版　03-5395-3524
販売　03-5395-5817
業務　03-5395-3615
印刷所　（本文印刷）株式会社新藤慶昌堂
（カバー表紙印刷）信毎書籍印刷株式会社
製本所　株式会社国宝社

定価はカバーに表示してあります。

ISBN978－4－06－537600－3

発刊のことば

科学をあなたのポケットに

二十世紀最大の特色は、それが科学時代であるということです。科学は日に日に進歩を続け、止まるところを知りません。ひと昔前の夢物語もどんどん現実化しており、今やわれわれの生活のすべてが、科学によってゆり動かされているといっても過言ではないでしょう。

そのような背景を考えれば、学者や学生はもちろん、産業人も、セールスマンも、ジャーナリストも、家庭の主婦も、みんなが科学を知らなければ、時代の流れに逆らうことになるでしょう。

ブルーバックス発刊の意義と必然性はそこにあります。このシリーズは、読む人に科学的に物を考える習慣と、科学的に物を見る目を養っていただくことを最大の目標にしています。そのためには、単に原理や法則の解説に終始するのではなくて、政治や経済など、社会科学や人文科学にも関連させて、広い視野から問題を追究していきます。科学はむずかしいという先入観を改める表現と構成、それも類書にないブルーバックスの特色であると信じます。

一九六三年九月

野間省一